超繪數學

越畫越有趣，60 幅世上最美的數學
經典圖型著色練習與解說

Kleurboek Wiskunde
Geef kleur aan 60 wiskundeklassiekers

作者／德克・赫勒布魯克（DIRK HUYLEBROUCK）

譯者／施如君

積木文化

前言

在你手上的是我們的第一本數學彩繪本，由數學家德克·赫勒布魯克（Dirk Huylebrouck）編寫，你可以在此獨一無二的編排中以有趣的方式運動你的大腦。

在本書中，你將以創造性的方式熟悉那些眾所皆知或鮮為人知的數學經典，從畢氏定理到圓周率百位小數，從滾動的圓形到十四角星形，透過彩繪數學圖形，你可以在圖樣、公式和抽象結構中找到美感與樂趣。此外，作者在書的最後，還為了喜歡鑽研奇妙數學世界的讀者，提供了進一步的解釋。

這本書是一趟真正適合全年齡的發現之旅，包括年輕的彩繪英雄們、喜歡在線條內著色的成人，以及高等數學家們。

所以現在就削一削你的蠟筆，開始探索吧！

學術出版社（Het team van Academia Press）團隊

導讀與使用說明

用彩繪推開數學之門

有一種數學證明叫做「無字證明」或是「不言自證」，意思是只要給你看幾張圖片，你就能理解某一道數學公式為什麼這樣來。從這個角度來說，這本書有著異曲同工之妙，整本書多數的頁面都沒有文字說明，就是一張又一張的圖片。只有在最後，才有類似附錄的「圖樣說明」稍做解釋。

可對喜歡數學的人來說，一張張的圖片，都幾乎可以成為一整篇、甚至一本書的主題。最前面是鑲嵌、多邊形的旋轉、方程式繪製在直角坐標上的樣貌，在空間中形成的曲面，到後面的多面體探討、黃金比例、費式數列、再一路連結到碎形。最後展現了幾個就真的是無字證明的定理圖解。

這些圖片的數學知識涵蓋範圍非常廣，也相當具有深度。所以作者會說這是一本適合全年齡的發現之旅，因為對成人、對數學愛好者來說，這是一本索引，我們可以從中延伸學習，探索更多有趣的數學知識。

那對於全年齡的「兒童、青少年」呢？

這就是這本書最有趣的地方了，它讓孩子們，或是沒有那麼喜歡數學的人們，將這本書僅止做為「彩繪本」來使用。讀者不需要深究裡面的數學知識，不用管這張圖案是用哪一道複雜的公式繪製而成，也不用管正多面體到底有幾種——看

著喜歡哪一區域畫哪種顏色，著色就對了。有些人可能會覺得這不會很浪費嗎？明明背後有那麼多有趣的數學道理，怎麼會淪落到只有塗塗色的用處，有點「牛嚼牡丹」的感覺。

可我覺得這正是作者的巧思。全書收錄的每一張圖，不僅絢麗（以及可以著色），圖樣更是一看就知道跟數學有著緊密的連結。比起純粹用看的欣賞，作者鼓勵讀者塗色，塗色過程將會更加近距離地感受圖片所呈現的規律與秩序。雖然數學是一門需要花時間理解、學習的知識，可人們同樣有「數感」，可以憑藉著直覺感受數學的存在。實際在這幾張圖片上著色後，我相信讀者會對這些圖樣更加瞭解，並且產生興趣。

在這個科技化的時代，學好與運用數學是重要的能力。而學好與運用的前提就是要喜歡，或至少不討厭這門知識。而這本《超繪數學》，就提供了一個很棒的切入點，讓我們用直覺、用彩繪來感受數學的樂趣與美。進而（就算沒有立刻也沒關係）推開數學之門，願意更加理解這門知識。

數感實驗室創辦人、臺灣師範大學電機系副教授　賴以威

目次

前言   3
導讀與使用說明   4

鑲嵌   **8**
  正方形和正三角形的鑲嵌   8
  依據彭羅斯的非週期性鑲嵌   9
  兩種對稱的鑲嵌   10
  三種不同多角形的鑲嵌   11
  正三角形、六角形和正方形的鑲嵌   12

正方形和文氏圖排列   **13**
  以平行四邊形為中心環繞正方形   13
  包含二十一個不同正方形的正方形   14
  超橢圓   15
  正方形在圓形中又在正方形中又在圓形中……   16
  三個和四個一組的文氏圖   17

多角形   **18**
  三角形中的三角形   18
  正方形中的正方形   19
  五邊形中的五邊形   20
  三角形、五邊形、七邊形和九邊形相互排列   21
  十四角星形相互排列   22

直線和曲線   **23**
  一次方程組   23
  二次方程組曲線   24
  功率曲線   25
  函數曲線   26
  三角函數曲線   27

曲面   **28**
  橢球體   28
  雙曲拋物面   29
  雙曲面   30
  椎面   31
  環面   32
  曲線家族   33
  極坐標曲線   33
  環面曲線   34
  笛卡爾葉形線的變化形   35
  由在直線上滾動的圓形所構成的曲線   36

由一個圓形在另一個圓形中滾動所構成的曲線　37

多面體　38
五種柏拉圖立體　38
正十二面體　39
立方體和正八面體：彼此的對偶　40
正十二面體和正二十面體：彼此的對偶　41
柏拉圖立體相互內接　42

黃金比例　43
連環五角星形　43
費波那契　44
巴都萬　45
（黃金）矩形　46
勒‧柯比意的魔咒　47

圓形　48
生命之花　48
施泰納項鍊　49
帕普斯項鍊　50
近似正方形的圓形　51
日式定理　52

畢氏定理　53
畢氏定理中「代數」的證明：$a^2 + b^2 = c^2$　53
透過重新排列證明畢氏定理　54
歐幾里得對畢氏定理的證明　55
蛭子井博孝對畢氏定理的概論　56
畢氏定理碎形幾何之樹　57

知名的幾何定理　58
莫萊定理　58
笛沙格定理　59
三角形上的內切圓與外切圓　60
帕斯卡定理　61
布列安桑定理　62

數字推理　63
費式數列的誤會　63
三次方的總和　64
埃拉托斯特尼篩法　65
圓周率 π 的百位小數與 22/7　66
歐拉公式　68

圖樣說明　69

※ 詳細說明請見第 71 頁

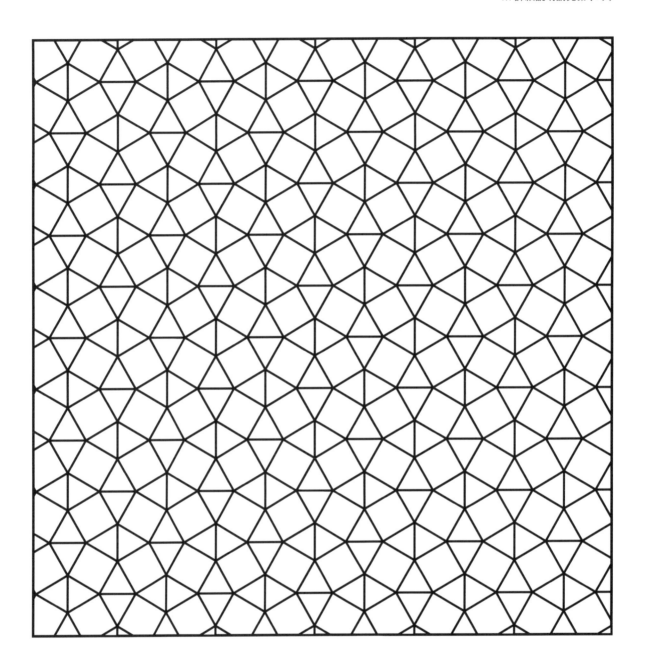

正方形和正三角形的鑲嵌

※ 詳細說明請見第 71 頁

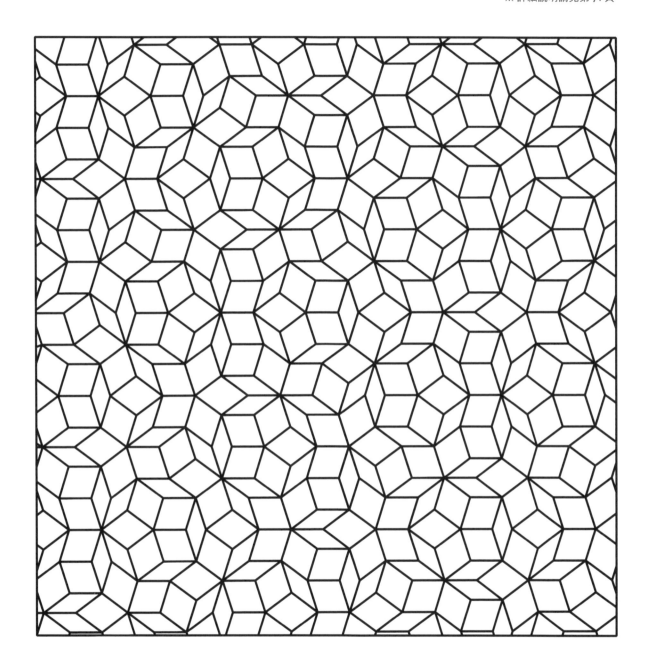

依據彭羅斯的非週期性拼貼

※ 詳細說明請見第 71 頁

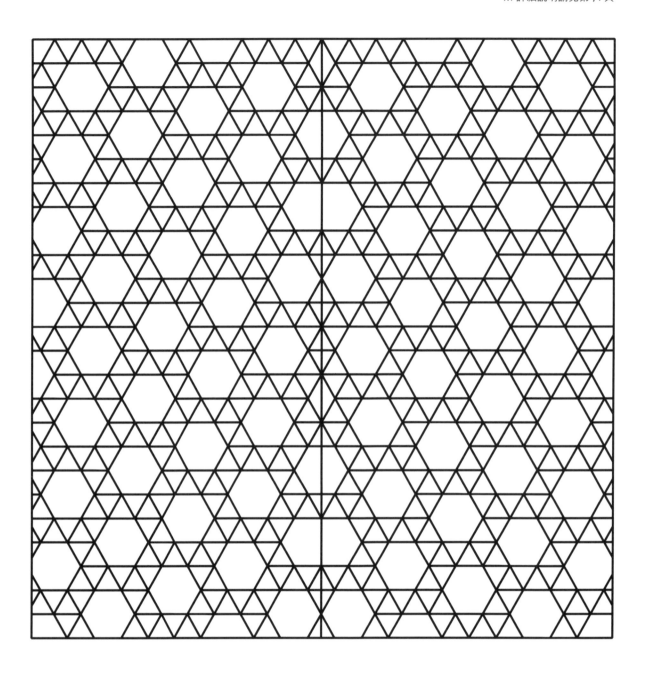

兩種對稱的鑲嵌

※ 詳細說明請見第 71 頁

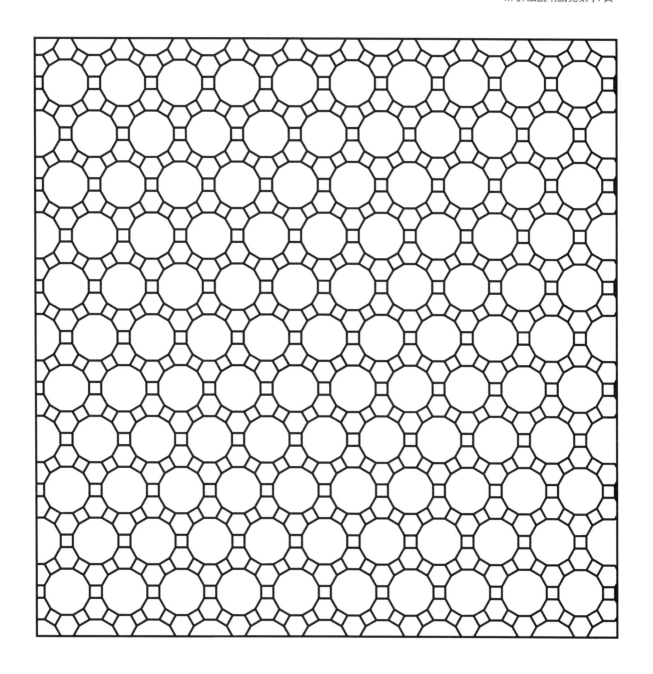

三種不同多角形的鑲嵌

※ 詳細說明請見第 71 頁

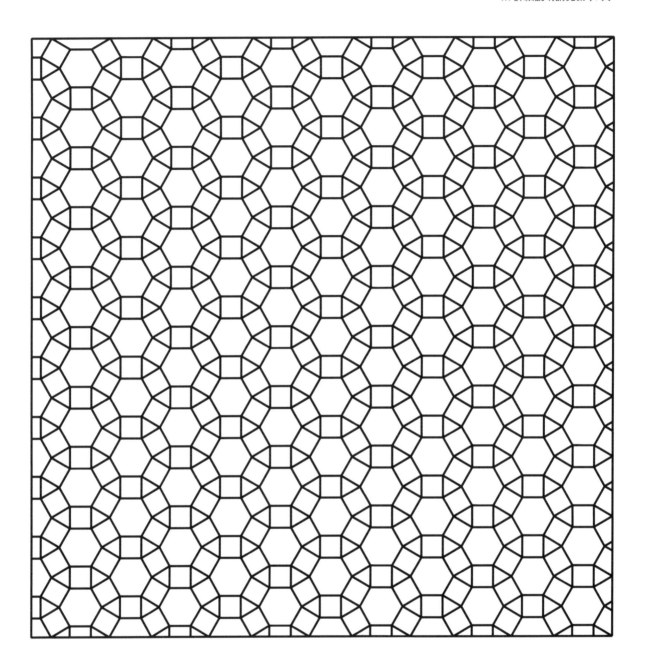

正三角形、六邊形和正方形的鑲嵌

※ 詳細說明請見第 71 頁

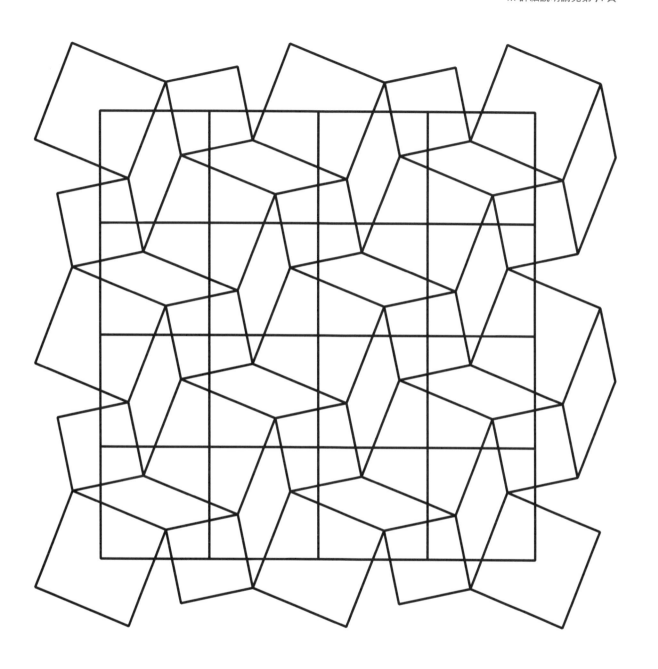

以平行四邊形為中心環繞正方形

※ 詳細說明請見第 72 頁

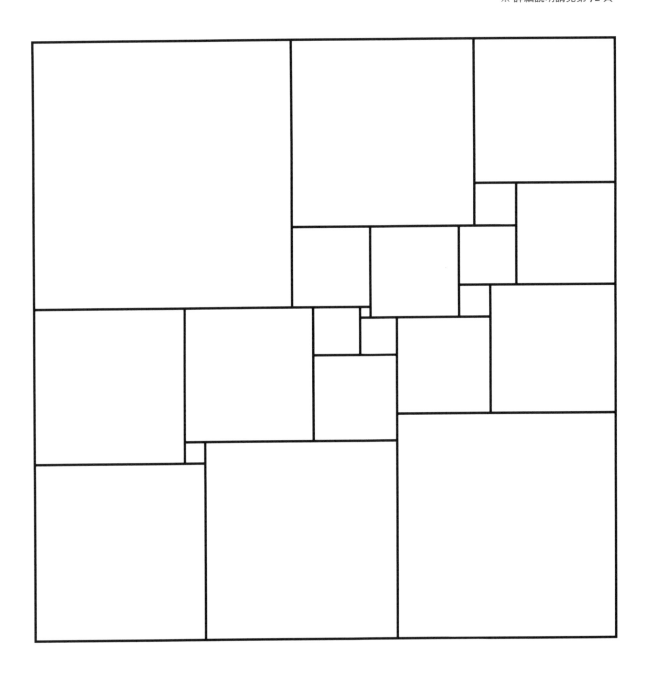

包含 21 個不同正方形的正方形

※ 詳細說明請見第 72 頁

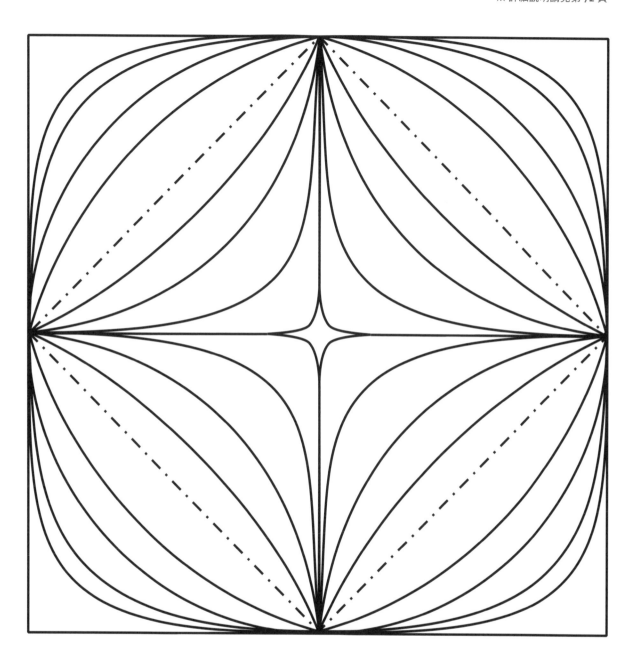

超橢圓

※ 詳細說明請見第 72 頁

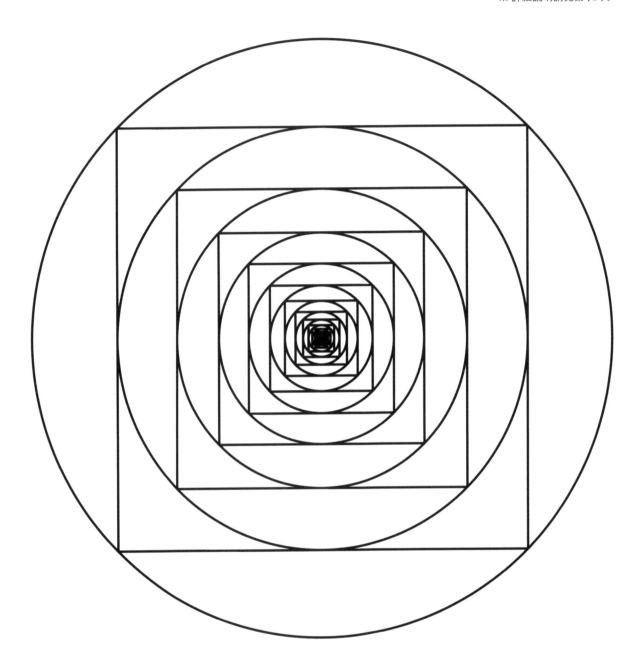

正方形在圓形中，又在正方形中，又在圓形中……

※ 詳細說明請見第 72 頁

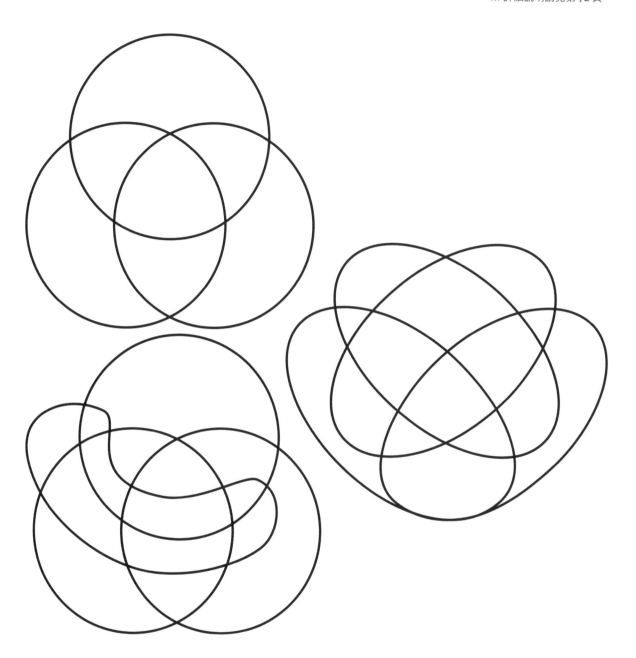

3 個和 4 個一組的文式圖

※ 詳細說明請見第 73 頁

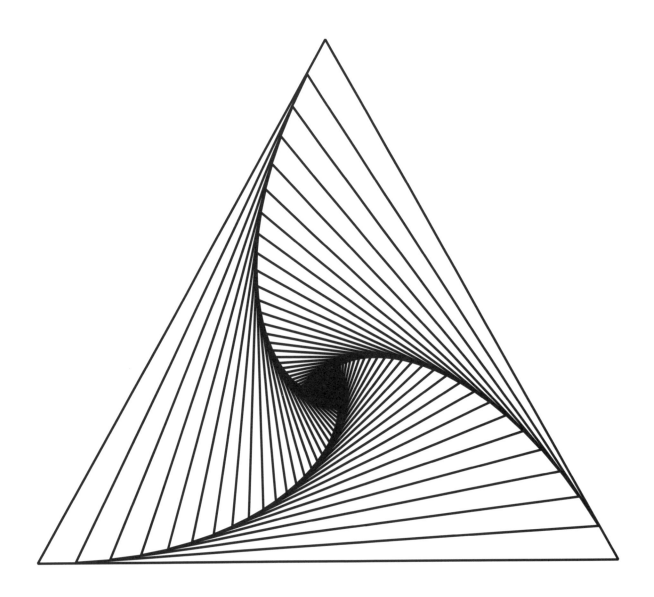

三角形中的三角形

※ 詳細說明請見第 73 頁

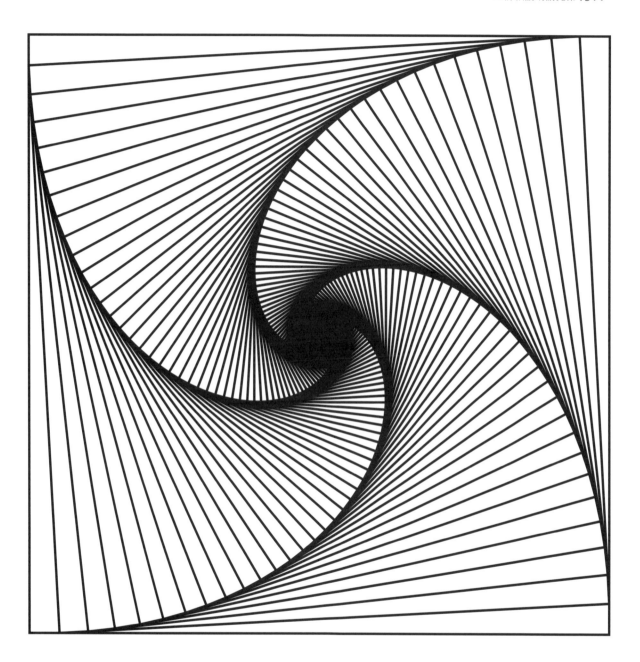

正方形中的正方形

※ 詳細說明請見第 73 頁

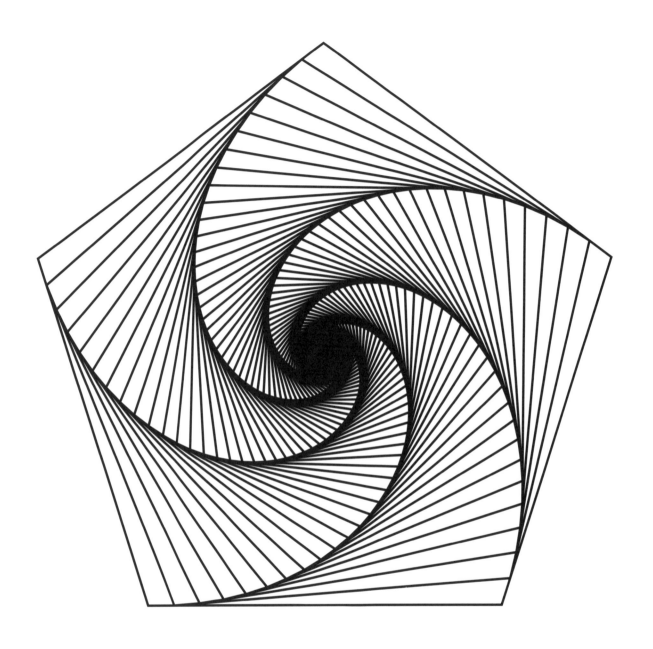

五邊形中的五邊形

※ 詳細說明請見第 73 頁

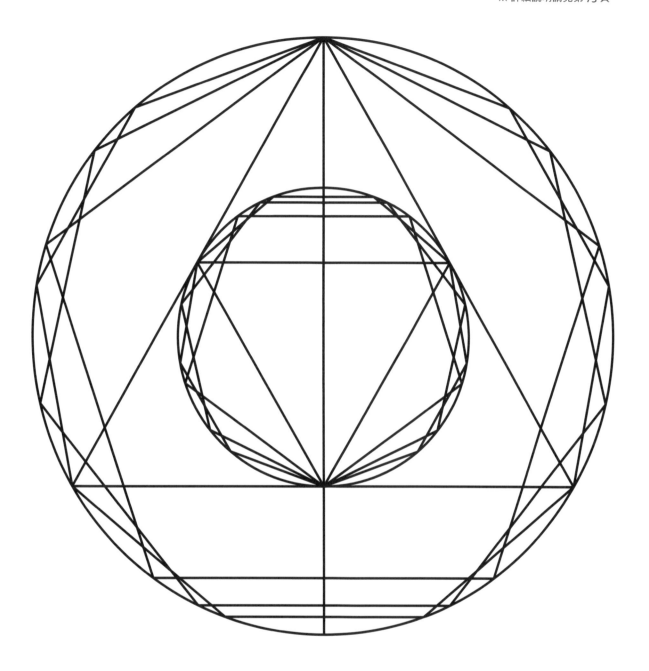

三角形、五邊形、七邊形和九邊形相互排列

※ 詳細說明請見第 73 頁

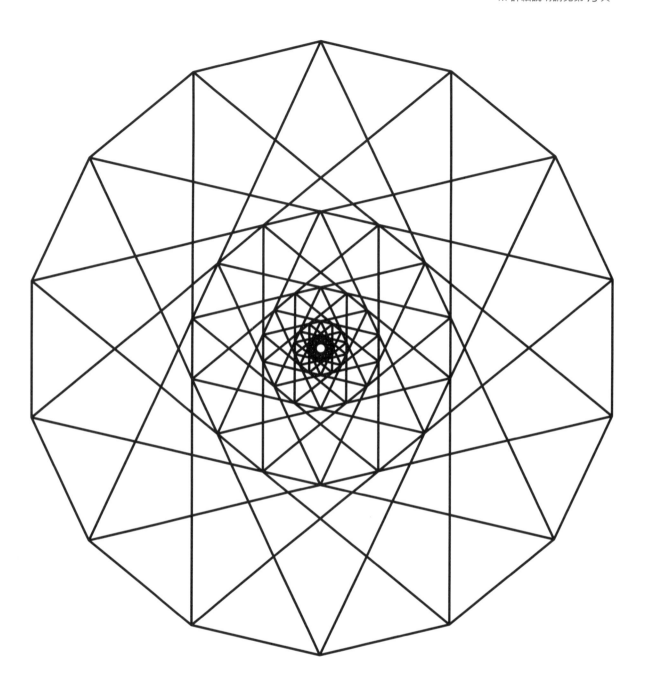

十四角星形相互排列

※ 詳細說明請見第 73 頁

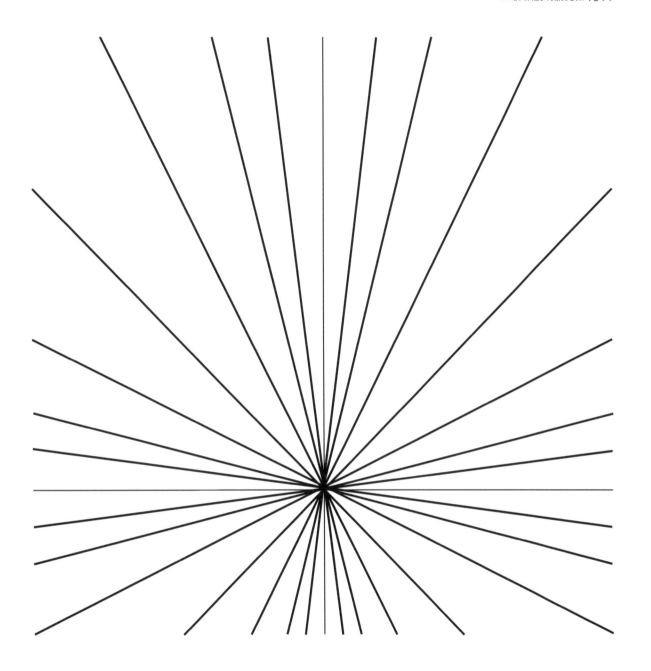

一次方程組

※ 詳細說明請見第 74 頁

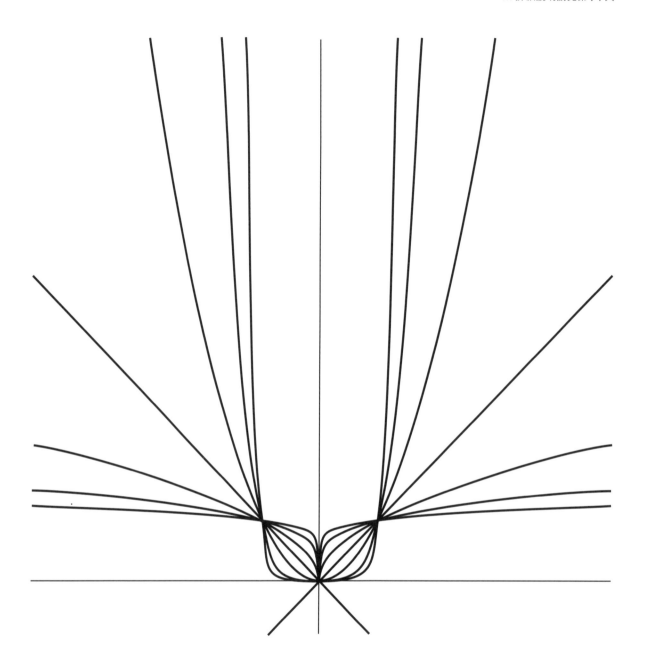

二次方程組曲線

※ 詳細說明請見第 74 頁

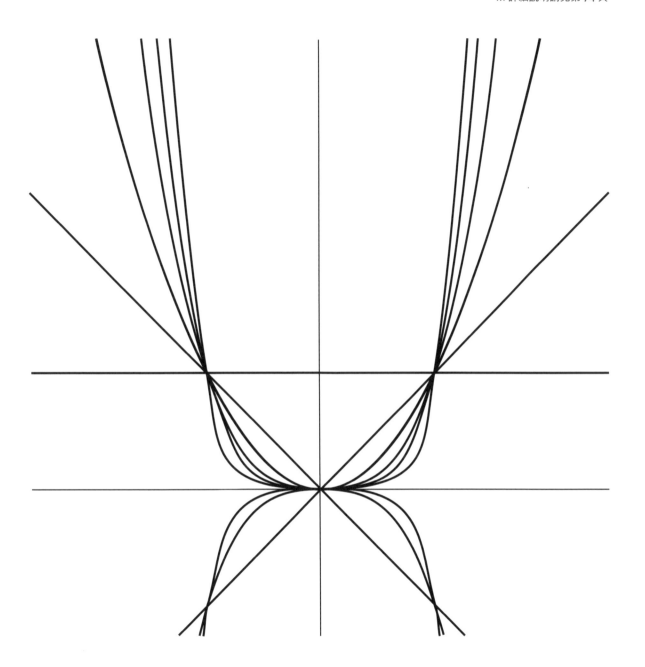

功率曲線

※ 詳細說明請見第 74 頁

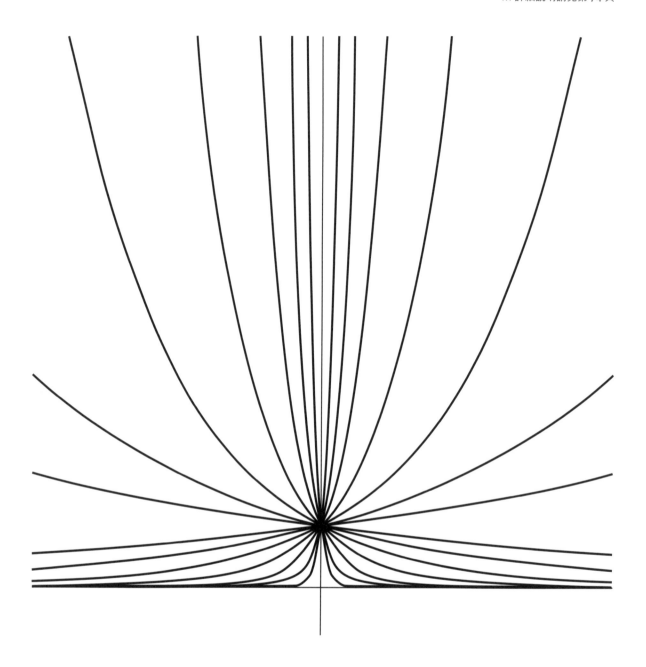

函數曲線

※ 詳細說明請見第 74 頁

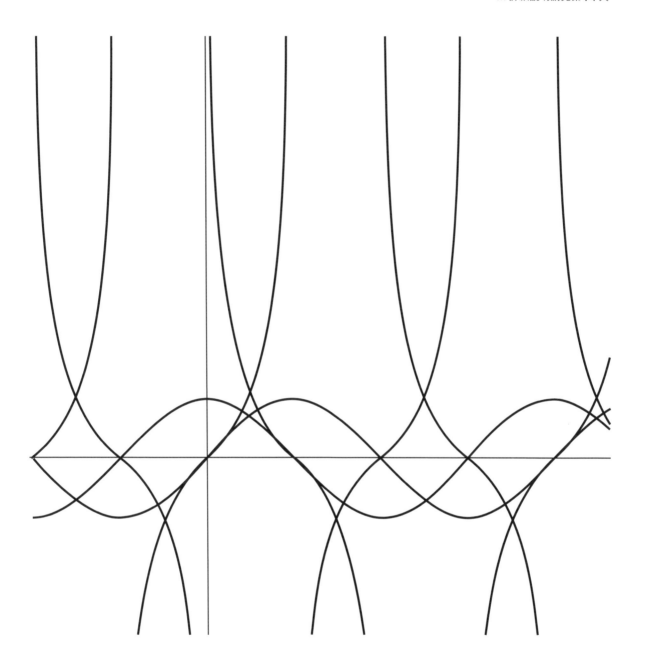

三角函數曲線

※ 詳細說明請見第 75 頁

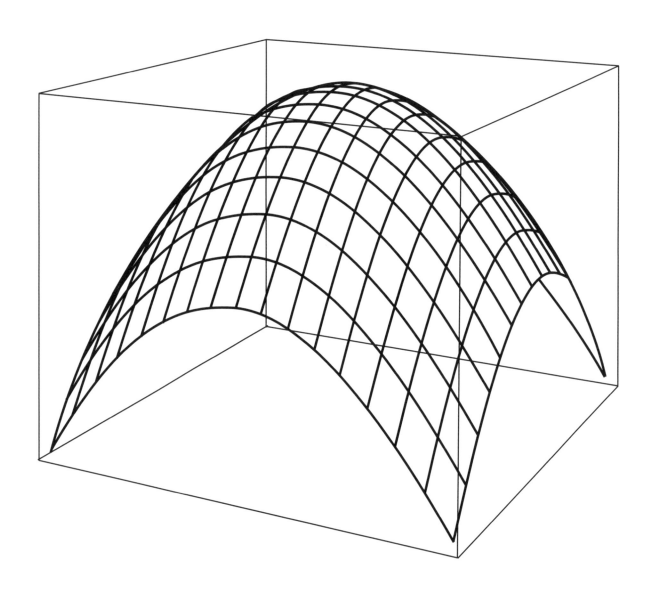

橢球體

※ 詳細說明請見第 75 頁

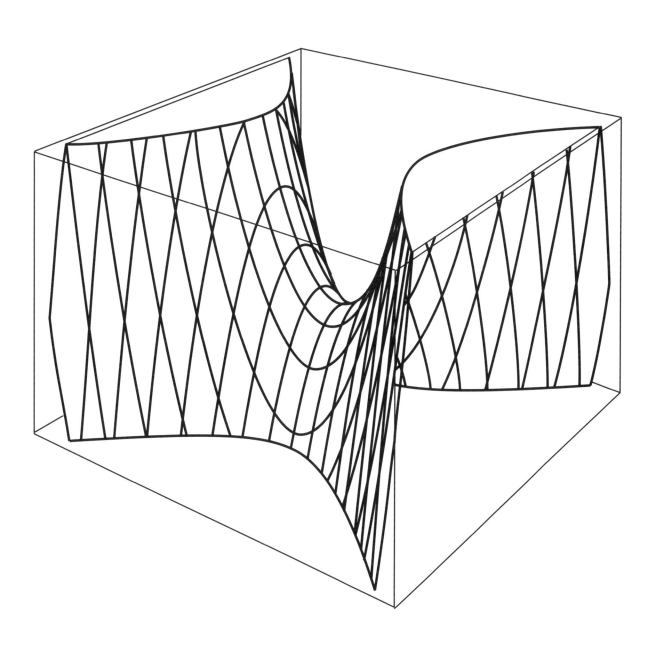

雙曲拋物面

※ 詳細說明請見第 75 頁

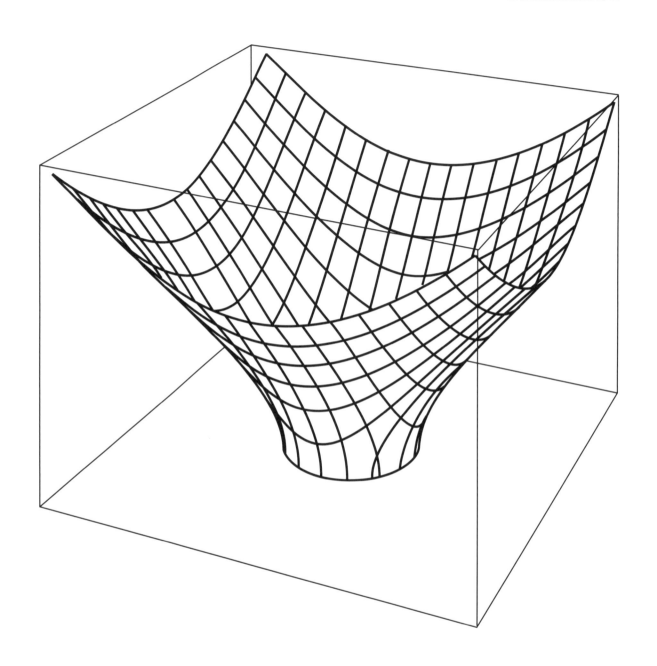

雙曲面

※ 詳細說明請見第 75 頁

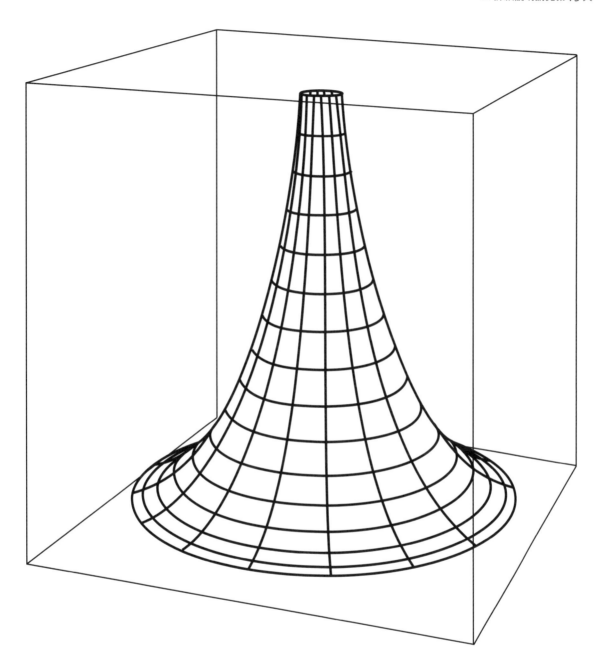

椎面

※ 詳細說明請見第 75 頁

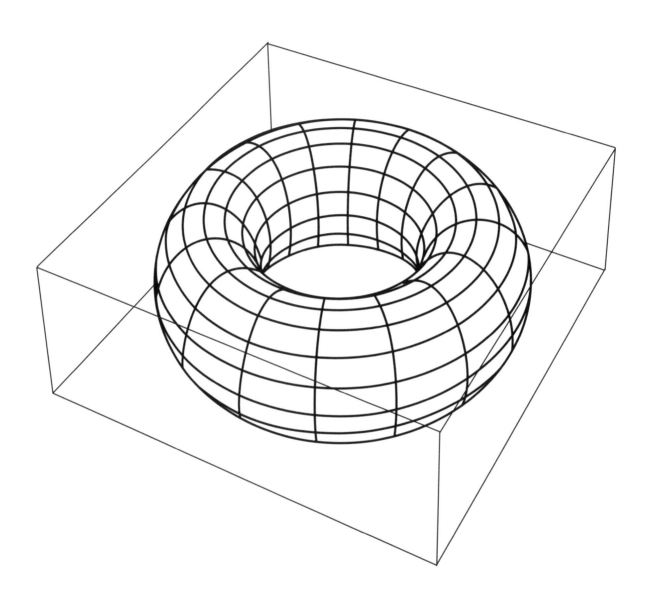

環面

※ 詳細說明請見第 75 頁

極坐標曲線

※ 詳細說明請見第 76 頁

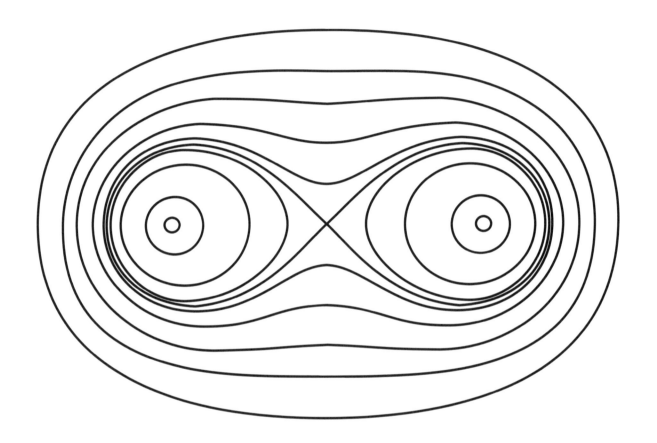

環面曲線

※ 詳細說明請見第 76 頁

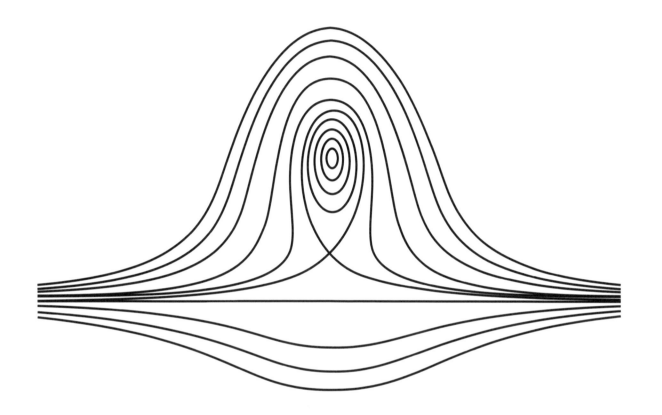

笛卡爾葉形線的變化形

※ 詳細說明請見第 76 頁

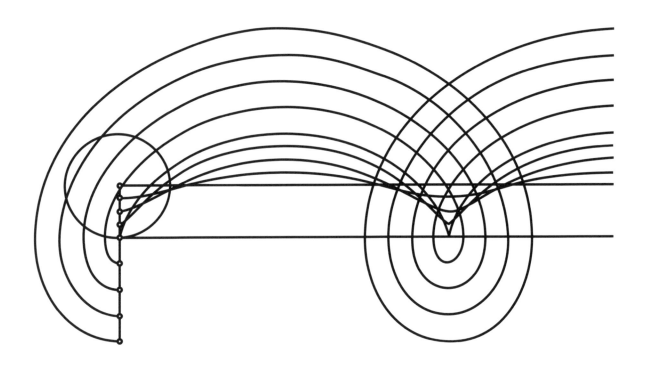

由在直線上滾動的所構成的曲線

※ 詳細說明請見第 76 頁

由一個圓形在另一個圓形中滾動所構成的曲線

※ 詳細說明請見第 77 頁

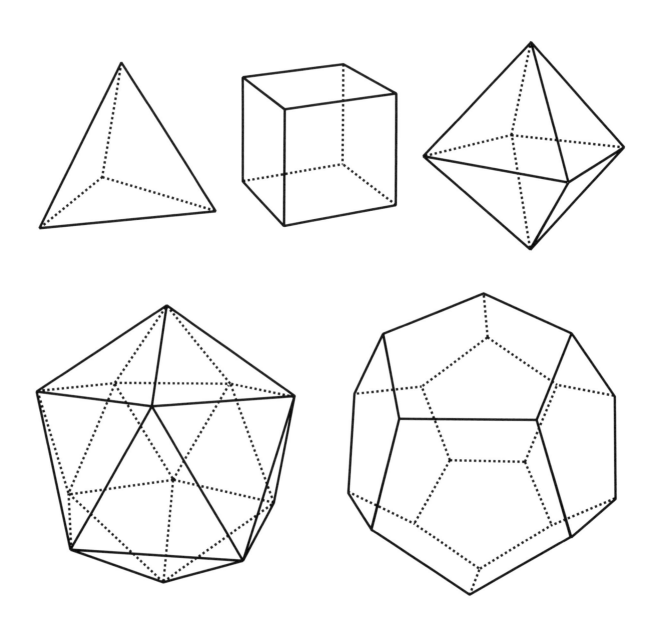

五種柏拉圖立體

※ 詳細說明請見第 77 頁

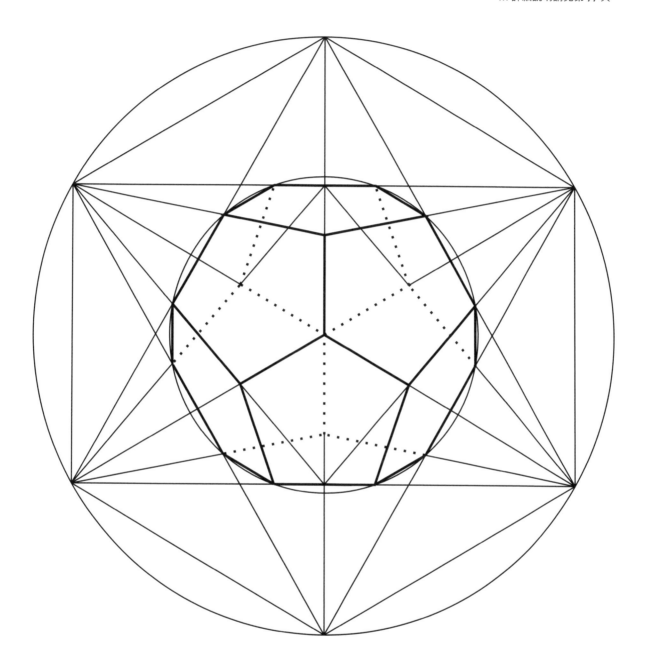

正十二面體

※ 詳細說明請見第 77 頁

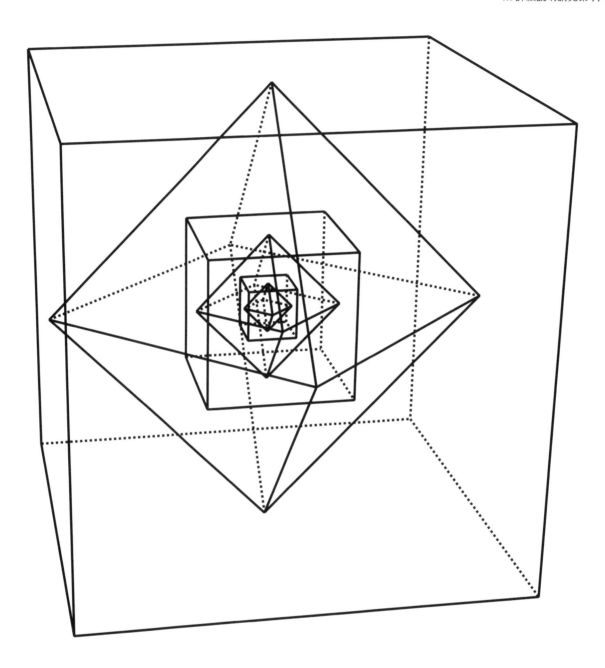

立方體和正八面體：彼此的對偶

※ 詳細說明請見第 78 頁

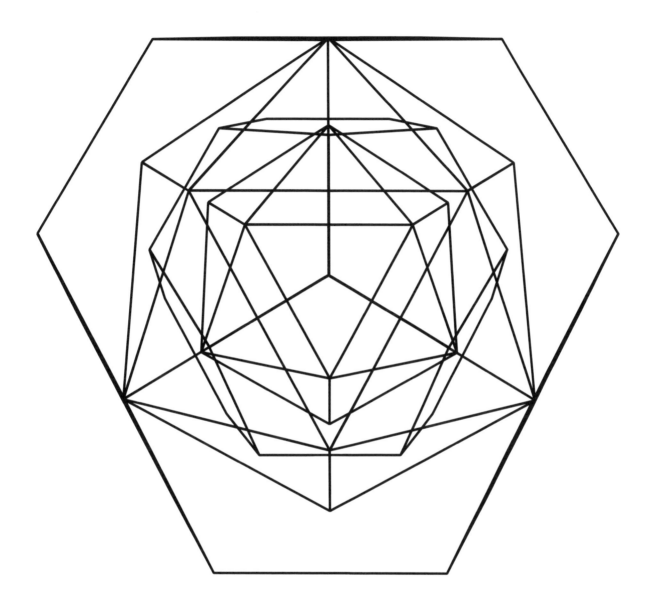

正十二面體和正二十面體：彼此的對偶

※ 詳細說明請見第 78 頁

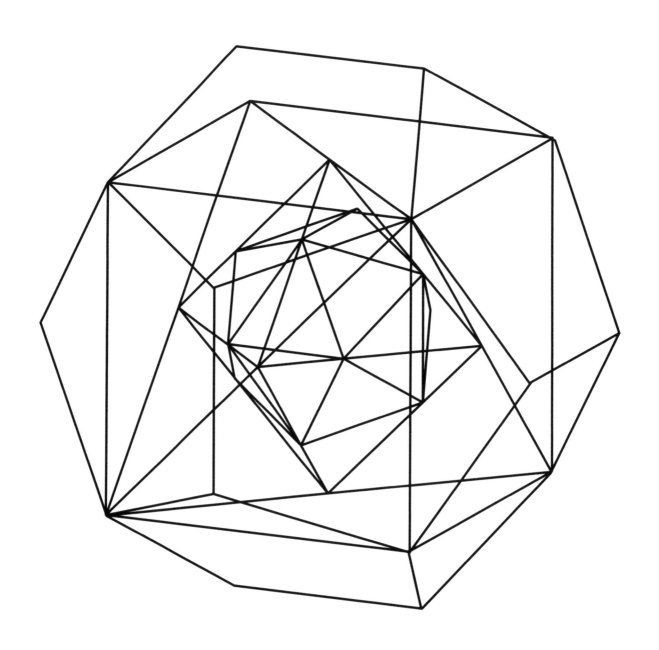

柏拉圖立體相互內接

※ 詳細說明請見第 78 頁

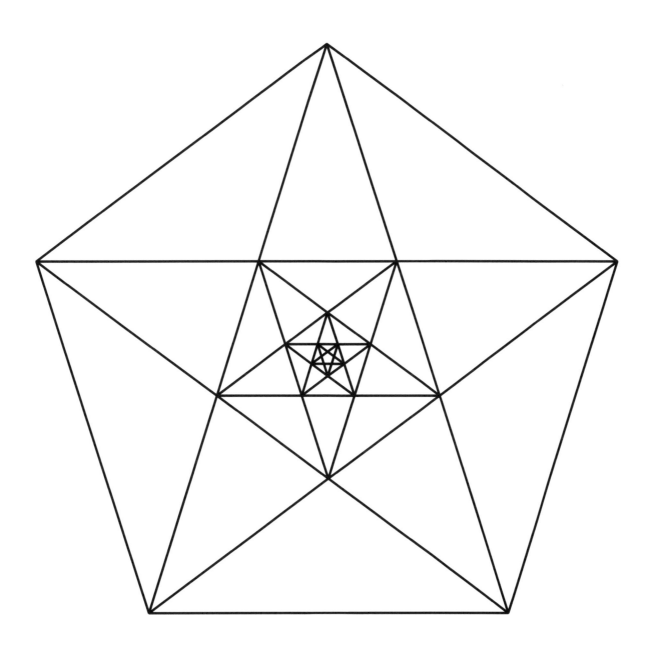

連環五角星形

※ 詳細說明請見第 78 頁

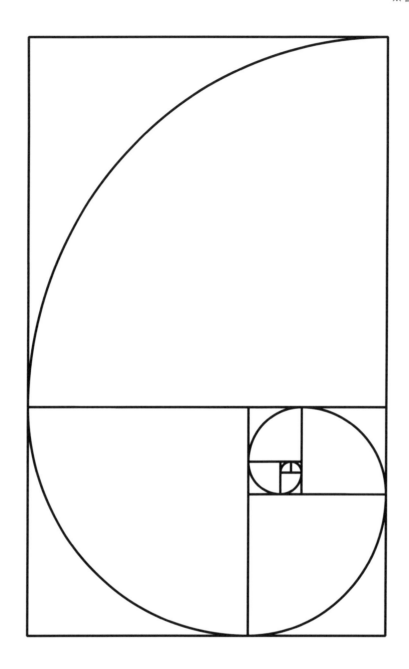

費波那契數列

※ 詳細說明請見第 79 頁

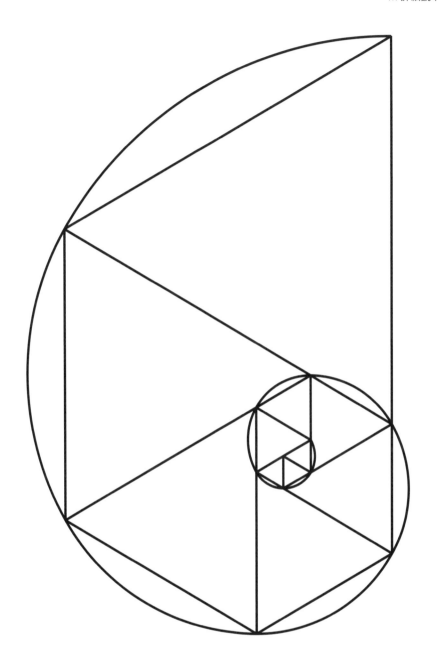

巴都萬數列

※ 詳細說明請見第 79 頁

（黃金）矩形

※ 詳細說明請見第 79 頁

勒・柯比意的魔咒

※ 詳細說明請見第 79 頁

生命之花

※ 詳細說明請見第 80 頁

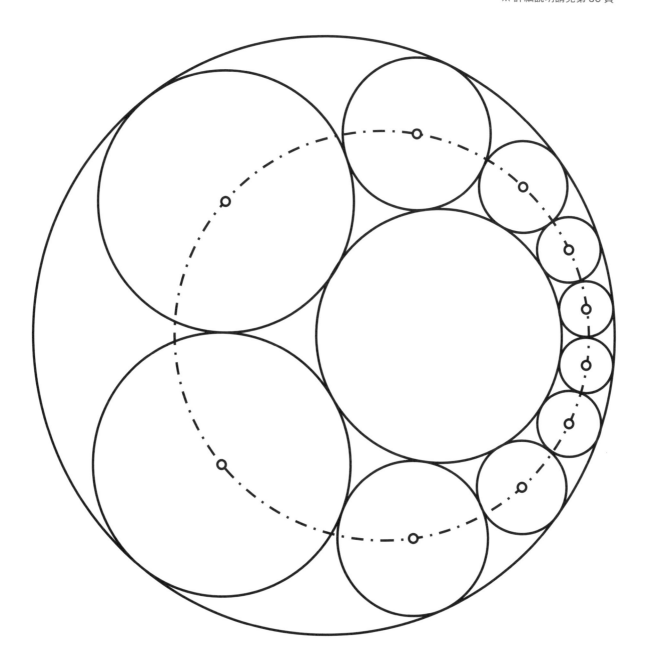

施泰納項鍊

※ 詳細說明請見第 80 頁

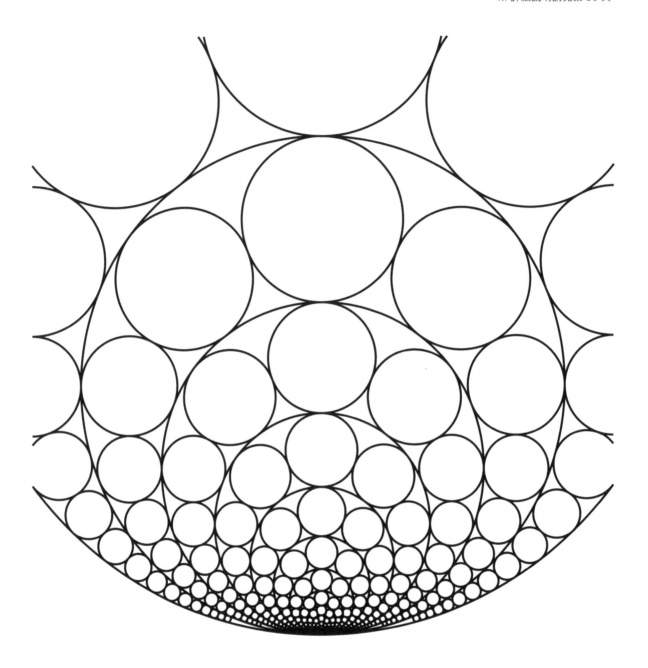

帕普斯項鍊

※ 詳細說明請見第 80 頁

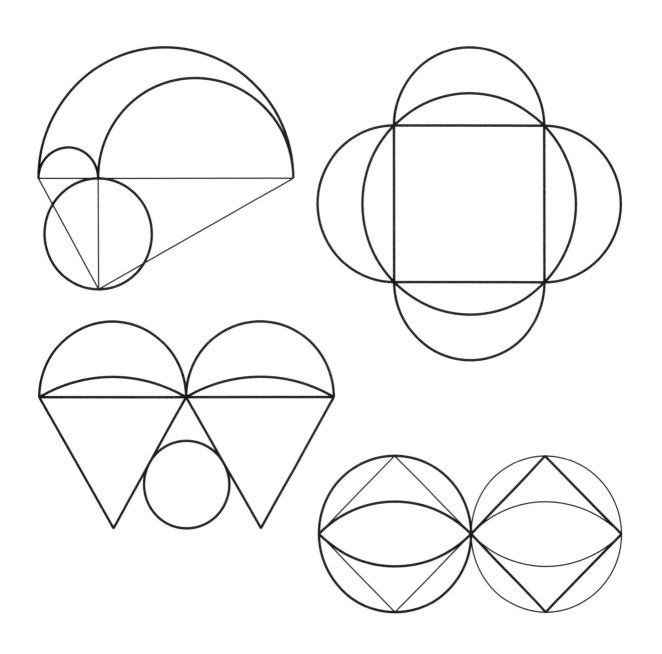

近似正方形的圓形

※ 詳細說明請見第 80 頁

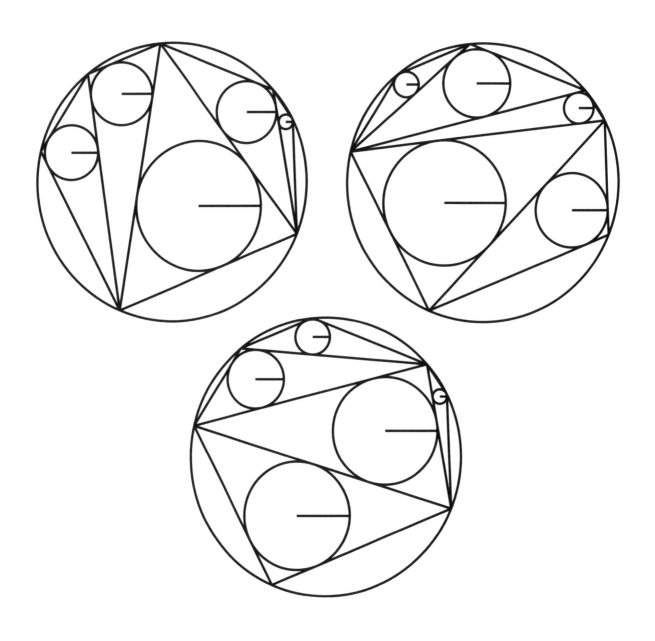

日式定理

※ 詳細說明請見第 81 頁

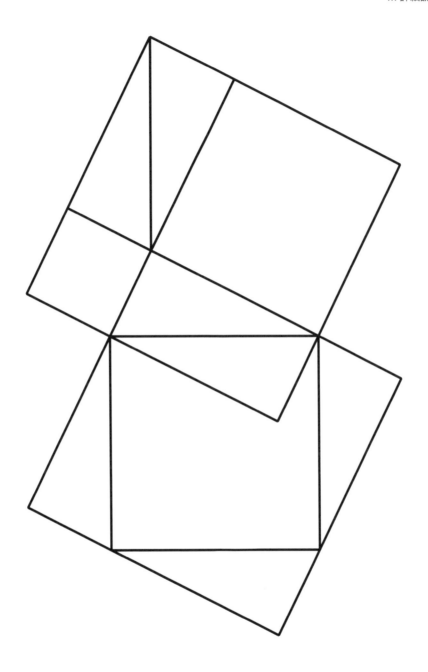

畢氏定理中「代數」的證明：$a^2 + b^2 = c^2$

※ 詳細說明請見第 81 頁

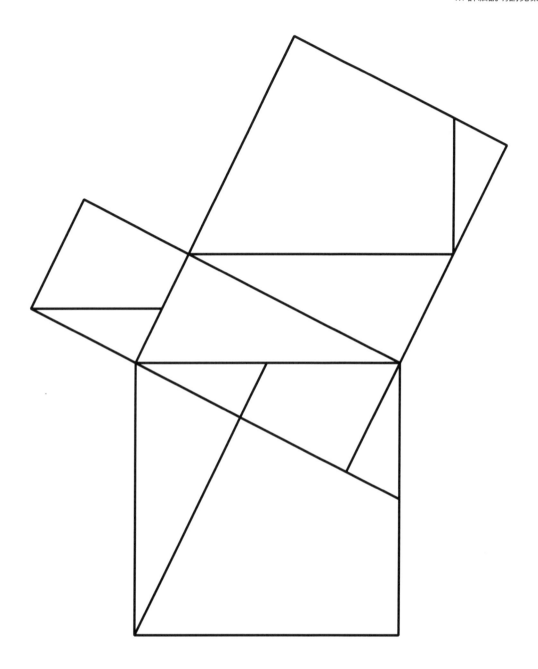

透過重新排列證明畢氏定理

※ 詳細說明請見第 81 頁

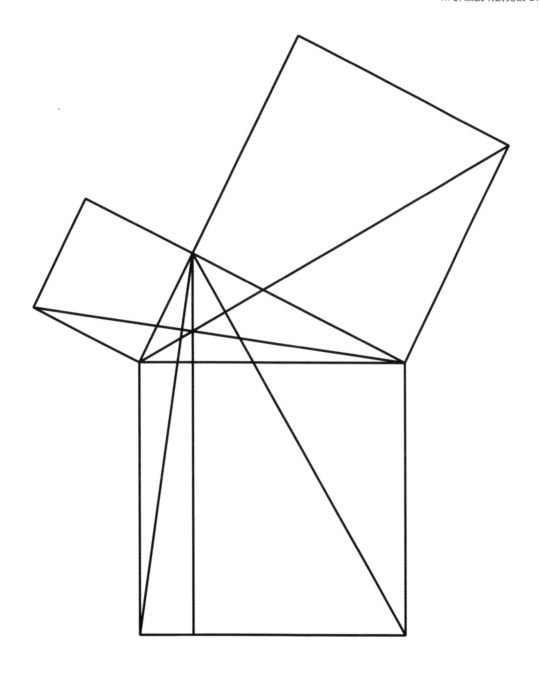

歐幾里得對畢氏定理的證明

※ 詳細說明請見第 81 頁

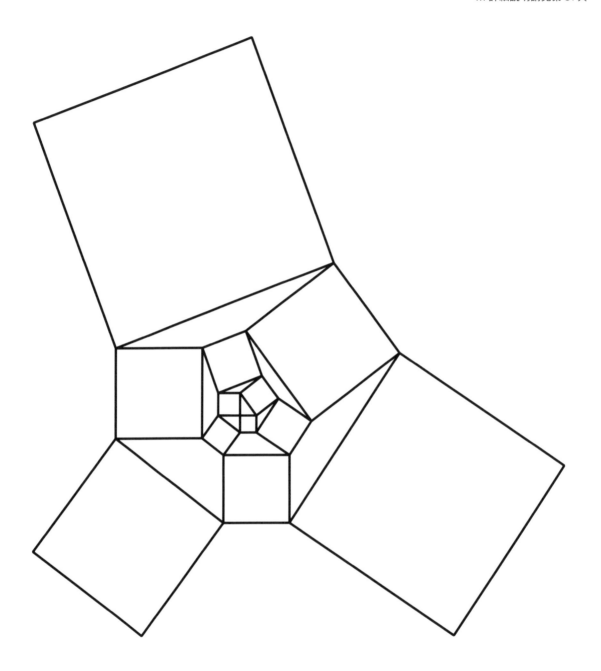

蛭子井博孝對畢氏定理的概論

※ 詳細說明請見第 82 頁

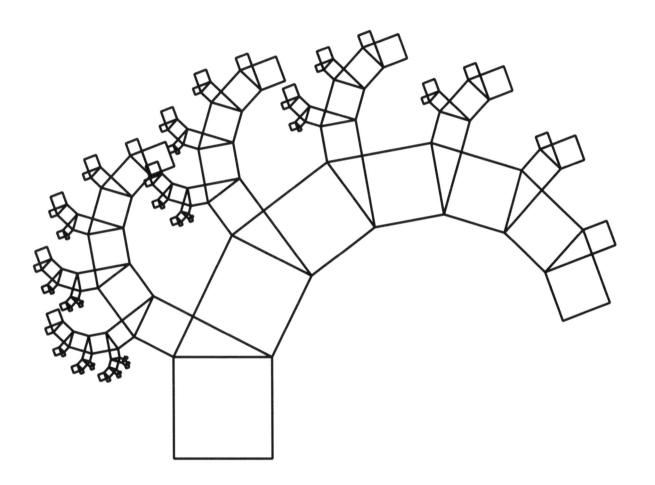

畢氏定理分形幾何之樹

※ 詳細說明請見第 82 頁

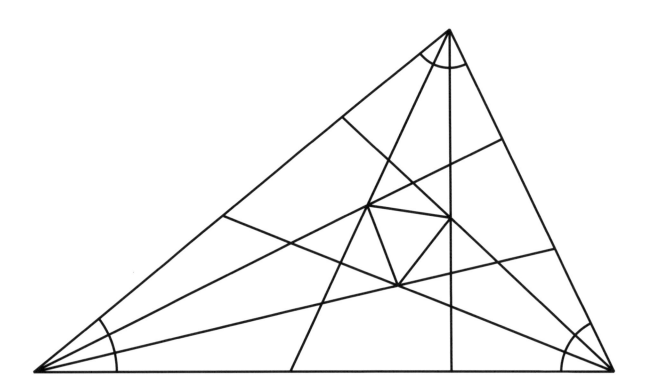

莫萊定理

※ 詳細說明請見第 82 頁

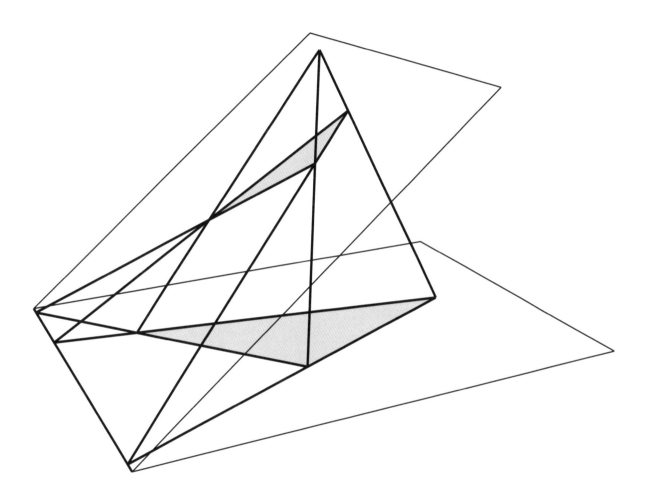

笛沙格定理

※ 詳細說明請見第 82 頁

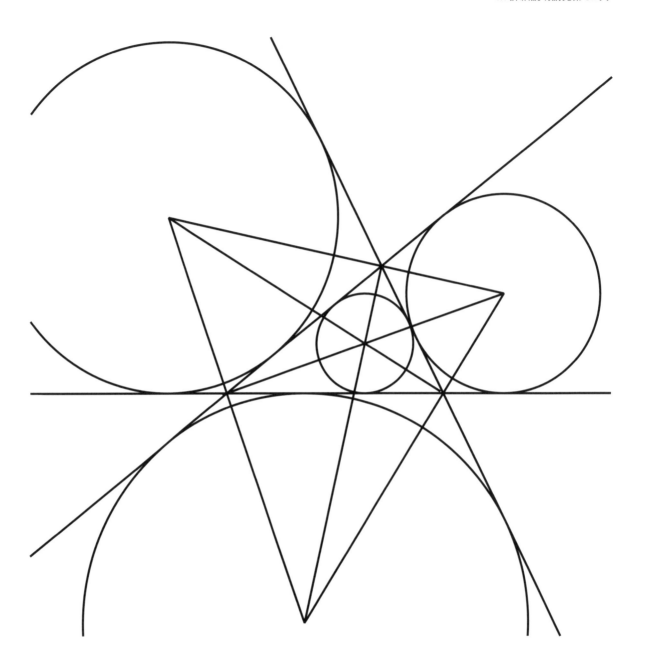

三角形上的內切圓與外切圓

※ 詳細說明請見第 83 頁

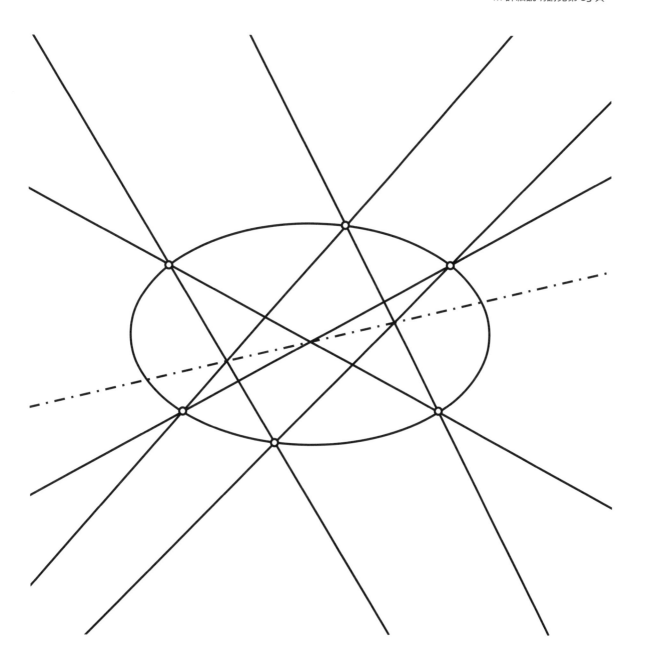

帕斯卡定理

※ 詳細說明請見第 83 頁

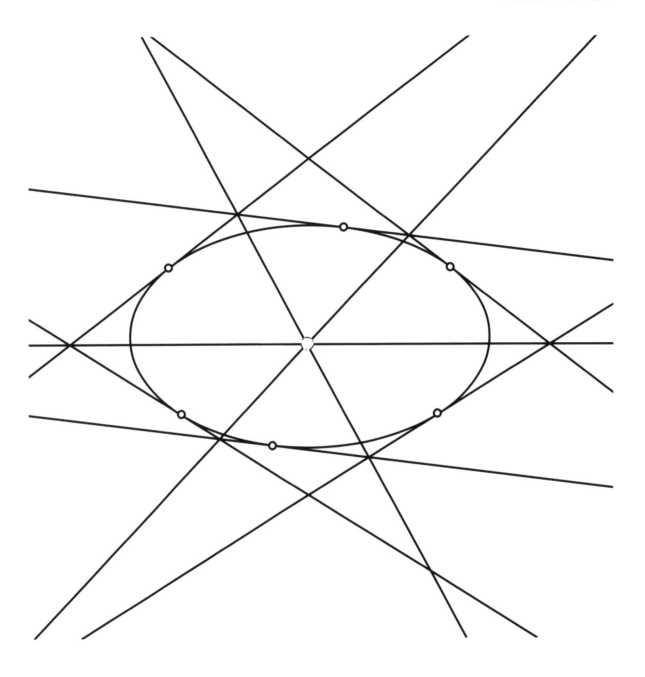

布列安桑定理

※ 詳細說明請見第 83 頁

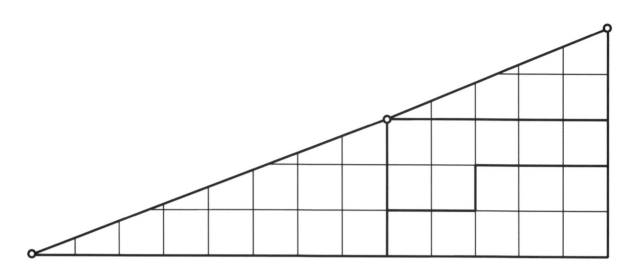

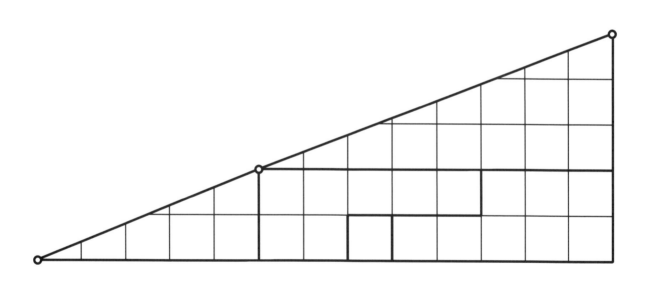

費式數列的誤會

上圖的大「三角形」有 24 個完整的正方形，下圖則有 25 個，
兩種圖形各包含 16 個殘形，它們可再共同組成 8 個正方形：32 會等於 33 嗎？

※ 詳細說明請見第 83 頁

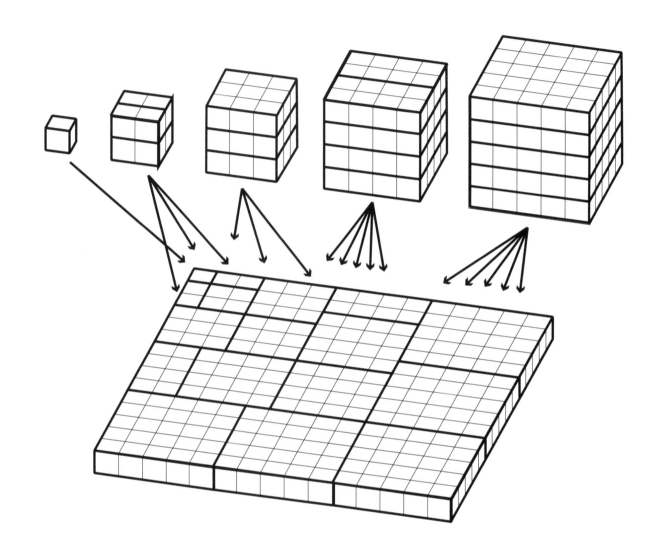

三次方的總和

※ 詳細說明請見第 84 頁

1	2	3	4	5	6	7	8	9	10
11	12	13	14	15	16	17	18	19	20
21	22	23	24	25	26	27	28	29	30
31	32	33	34	35	36	37	38	39	40
41	42	43	44	45	46	47	48	49	50
51	52	53	54	55	56	57	58	59	60
61	62	63	64	65	66	67	68	69	70
71	72	73	74	75	76	77	78	79	80
81	82	83	84	85	86	87	88	89	90
91	92	93	94	95	96	97	98	99	100

埃拉托斯特尼篩法

為每個數字的倍數上色，但不包括數字本身，從最小的數字開始（因此：要上色的不是 2，而是 4、6、8……；不是 3，而是 6、9……；不是 4，而是 8、12……；不是 5，而是 10……依此類推），剩下的數字就是質數。

圓周率 π 的百位小數與 $\frac{22}{7}$

π = 3,14159265358979323846264338327950288419716939937510582097494459230781640628620899862803482534211706 7 …

$\frac{22}{7}$ = 3,142857142857142857142857142857142857142857142857142857142857142857142857142857142857142857142857142857142 …

2020 年 3 月 14 日（圓周率日！）開始，奧斯坦德市（Oostende）的布爾甘（Bourgain）公園出現了一條以深紅色地磚標示圓周率小數的步道。雖然可藉由簡單的公式計算出圓周率的數字，但這些小數中並無「壁紙」模式 * ——至少在目前已知的數字中仍未發現，因此，尚未能從數學上證明這些小數是否真的如樂透彩的中獎號一樣隨機地一個接一個。$\frac{22}{7}$，這是一個近似於圓周率的數值，當中可見的一種模式是一組六位數字不斷地重複。在接下來的頁面中有兩組網格，每組網格皆有一百個方格來代表圓周率和 $\frac{22}{7}$。在網格每一行中按照小數的數值塗上相等數目的方格——如同奧斯坦德圓周率步道一樣，當中會運用到一半的方格是為了將奇數保持在正中央。看看你是否能發現某種模式？

位於奧斯坦德的圓周率步道

---

* 譯注：「壁紙」意指重複出現的組合。

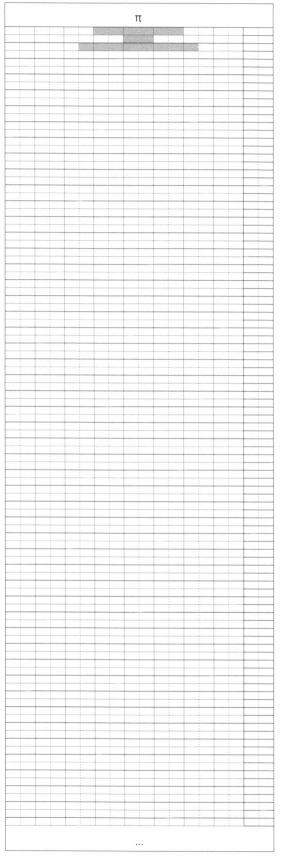

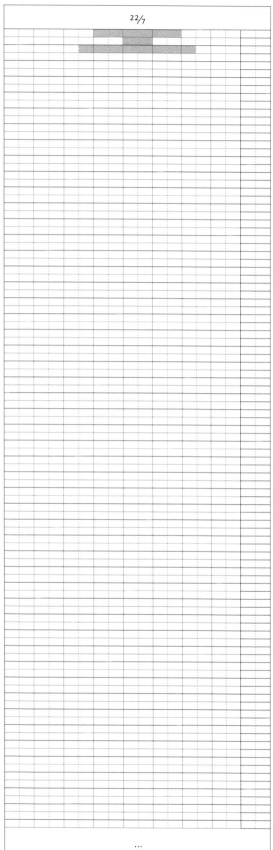

※ 詳細說明請見第 84 頁

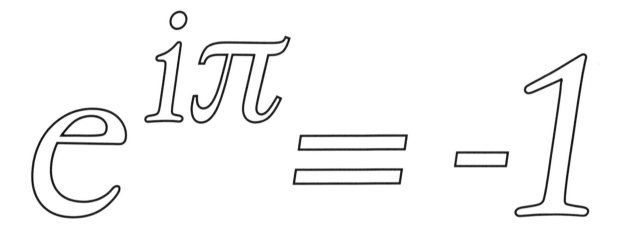

欧拉公式

圖樣說明

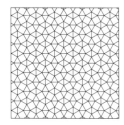

正方形和正三角形的鑲嵌

在此種鑲嵌中圖樣並無重疊，在任何一個交點上皆有兩個正方形和三個正三角形相接。這是「統一鑲嵌」（uniforme betegeling）的其中一種範例，因為它不斷地重複相同的排列。

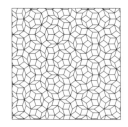

依據彭羅斯的非週期性鑲嵌

與前一種鑲嵌一樣，此種鑲嵌也僅是採用兩種形狀：邊為 1 的菱形，其對角線的長度為 1.618……（黃金比例）或 0.618……（1 除以黃金比例）。這是一種非週期性的鑲嵌，因為無論你如何移動圖樣，它們都不會重疊。2020 年諾貝爾物理學獎得主羅傑．彭羅斯（Roger Penrose）在 1970 年代對這種模式進行了研究。幾年後，它在準晶體結構中重新出現，丹．謝赫特曼（Dan Schechtman）因此獲得了 2011 年的諾貝爾化學獎。

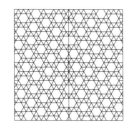

兩種對稱的鑲嵌

這種鑲嵌，即以四個三角形和一個六邊形不斷鑲嵌而成，而且依據圖中的垂直中心線彼此鏡像。左半邊和右半邊兩者不同，即使它們看起來十分相似，但是兩者無法透過彼此交換位置而重疊在一起。

三種不同多角形的鑲嵌

基本上，正多角形的鑲嵌方式總共只有 11 種：其中三種包括只應用正三角形、只應用正方形或只應用正六角形，另外八種包含兩種或三種正多角形的鑲嵌。此圖樣為每一個交點相接三種不同多角形的特定情況，包含：正方形、正六邊形和正十二邊形。

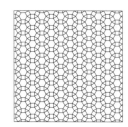

正三角形、六邊形和正方形的鑲嵌

這種鑲嵌與前一種的鑲嵌一樣，也在每一個交點上採用三種不同的多邊形：正三角形、正六邊形和正方形，但後者的正方形在每一個交點上應用了兩次。

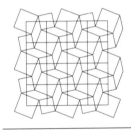

以平行四邊形為中心環繞正方形

在平行四邊形的每一邊都放置一個正方形，這四個正方形的中心點又共同構成了另一個正方形。現在，你可以試著去串連這些平行四邊形和正方形來，找出在此說明的圖樣。

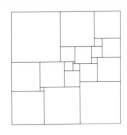

包含 21 個不同正方形的正方形

要將一個正方形劃分成各種不同而且邊長都是自然數[*] 的正方形並不容易，更何況當它們組合在一起時還不會變成一個長方形。1978 年，荷蘭人 A. J. W. 杜伊韋斯廷（A. J. W. Duijvestijn）發現了一種可達成此目標的最小化可能性，如圖所示：一個邊長為 112 單位 的正方形，可細分為 21 個正方形。

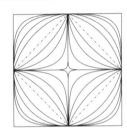

超橢圓

在最大的正方形中，首先出現兩個超橢圓，然後是一個圓形，然後是一個次橢圓，然後是另一個正方形（如虛線所示），然後是另外四個次橢圓，它們皆是由 $|x|^n + |y|^n = 1$ 而來的超橢圓範例。當 $n > 2$ 時，它們構成超橢圓，看起來像是圓角正方形，當 $n = 2$ 時，它構成了一個圓形，當 $n < 2$ 時，它們構成次橢圓，看起來趨近於十字形（當 $n = 1$，對應於虛線所示的正方形）。

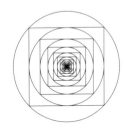

正方形在圓形中，又在正方形中，又在圓形中……

如圖所示，你會看見內接在圓形中的正方形和內接在正方形中的圓形。一個圓形的面積必定是前一個圓形面積的一半，一個正方形的面積也必定是前一個正方形面積的一半。

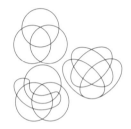

三個和四個一組的文氏圖

三個圓形的文氏圖很容易就可以繪製出來，有時它們互不重疊，有時兩兩重疊，有時三者皆重疊。對於四個圓形的文氏圖來說就沒那麼簡單了，不過左下角的圖是一種解決方式，其中三個集合是圓形。右下角的文氏圖則是運用橢圓來作為解決方式，有時它們完全互不重疊，有時只有兩兩重疊，有時三者與三者重疊，以及「正中央」是全部四者皆重疊。

---

[*] 譯注：「自然數」在數學上指的是大於 0 的整數。自 1 起遞加 1 的諸數，如 1、2、3、4、5……。亦稱為「正整數」。

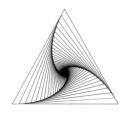

三角形中的三角形

取一個正三角形,將它的邊長稍微縮小一點,例如縮小 5%。將兩個三角形的中心點對齊,然後旋轉較小的三角形,直到它的頂點接觸到較大三角形的三條邊,然後取較小的三角形再執行一次。不斷重複之後,就可以清晰地看到三條螺旋。

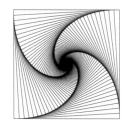

正方形中的正方形

取一個正方形,將它的邊長稍微縮小一點,例如縮小 5%。將兩個正方形的中心點對齊,然後旋轉較小的正方形,直到它的頂點接觸到較大正方形的四條邊,然後取較小的正方形再執行一次。不斷重複之後,就可以清晰地看到四條螺旋。

五邊形中的五邊形

取一個五邊形,將它的邊長稍微縮小一點,例如縮小 5%。將兩個五邊形的中心點對齊,然後旋轉較小的五邊形,直到它的頂點接觸到較大五邊形的五條邊,然後取較小的五邊形再執行一次。不斷重複之後,就可以清晰地看到五條螺旋。

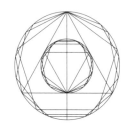

三角形、五邊形、七邊形和九邊形相互排列

最大的圓形中依次排列了正九邊形、正七邊形、正五邊形和正三角形。在此三角形中內接了一個圓形,其中依次又排列了正三角形、正五邊形、正七邊形和正九邊形。

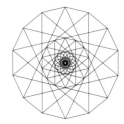

十四角星形相互排列

在最大的正十四角形中,有一個連接所有頂點的十四角星形。從最上面的頂點開始,跳過四個頂點到達星形的下一個頂點*,然後你再次跳過四個頂點,依此類推。當你繞了夠多的次數之後,你就會回到起點。在這十四角星形的中央,構成了一個正十四角形,可將另一個十四角星形置入其中,並且又可在其中的正十四角形中,放入第三個十四角星形。

---

* 　編注:即從 12 點鐘方向的頂點,順時針／逆時針向下數到的第 5 個頂點。

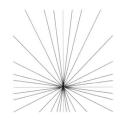

一次方程組

此圖樣代表以下方程式的線條：$y = \frac{x}{8}$、$y = \frac{x}{4}$、$y = \frac{x}{2}$、$y = x$、$y = 2x$、$y = 4x$、$y = 8x$、$y = -\frac{x}{8}$、$y = -\frac{x}{4}$、$y = -\frac{x}{2}$、$y = -x$、$y = -2x$、$y = -4x$ 以及 $y = -8x$

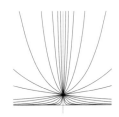

二次方程組曲線

此圖樣代表以下方程式的曲線：$y = (-x)^{\frac{1}{8}}$、$y = (-x)^{\frac{1}{4}}$、$y = (-x)^{\frac{1}{2}}$、$y = -x$、$y = x^{\frac{1}{8}}$、$y = x^{\frac{1}{4}}$、$y = x^{\frac{1}{2}}$、$y = x$、$y = x^2$、$y = x^4$ 以及 $y = x^8$

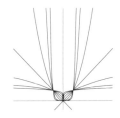

功率曲線

此圖樣代表以下方程式的曲線：$y = -x^5$、$y = -x^3$、$y = -x$、$y = x^0 = 1$、$y = x$、$y = x^2$、$y = x^3$、$y = x^4$、$y = x^5$ 以及 $y = x^6$

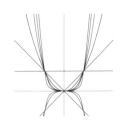

函數曲線

此圖樣代表以下方程式的曲線：$y = e^{\frac{x}{8}}$、$y = e^{\frac{x}{4}}$、$y = e^{\frac{x}{2}}$、$y = e^{-x}$、$y = e^{-2x}$、$y = e^{-4x}$、$y = e^{-8x}$、$y = e^{\frac{x}{8}}$、$y = e^{\frac{x}{4}}$、$y = e^{\frac{x}{2}}$、$y = e^x$、$y = e^{2x}$、$y = e^{4x}$、$y = e^{8x}$。在這裡 $e = 2.71828\cdots\cdots$ 代表歐拉數（getal van Euler）。*

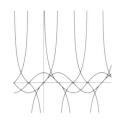

三角函數曲線

此圖樣代表以下方程式的曲線：$y = sin\, x$，正弦函數；$y = cos\, x$，餘弦函數；$y = tan\, x$，正切函數；和 $y = cot\, x$，餘切函數。正弦、餘弦、正切和餘切是三角學的基本工具。

---

* 譯注：「e」作為數學常數，亦稱為自然常數、自然底數或是歐拉數（Euler's number），以瑞士數學家歐拉的名字來命名。

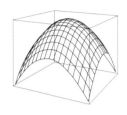

橢球面

此圖樣代表此方程式的曲面：$z = 1 - \frac{x^2}{4} - \frac{y^2}{4}$。
這是橢欖球曲面的一部分。

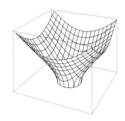

雙曲拋物面

此圖樣代表此方程式的曲面：$z = -1 + x^2 - y^2$。
部分曲面近似於馬鞍或品客洋芋片。

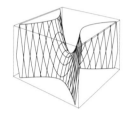

雙曲面

此圖樣代表此方程式的曲面：$z = \sqrt{(-1 + x^2 + y^2)}$。這個曲面近似於
冷卻塔表面的上半部。

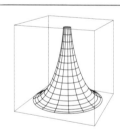

椎面

此圖樣代表此函數方程式的曲面：$x = (\cos t)/(\cosh s)$、$y = (\sin t)/(\cosh s)$ 以及 $z = s - (\tanh s)$，在此 $\cosh$ 和 $\tanh$ 分別代表雙曲餘弦和正切，共構成這一個稱之為椎面的曲面。這個曲面在每個點上都具有相同的負曲率 -1，因此是對應於每個點上都具有相同的正曲率 $+1$ 的球面或球體的反向對應體。

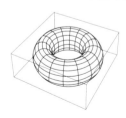

環面

此圖樣代表此函數方程式的曲面：$x = (\cos s).(2 + 0.8.(\cos t))$、$y = (\sin s).(2 + 0.8.(\cos t))$ 及 $z = 0.8.(\sin t)$。這個曲面是透過在距離中心點 2 的平面上的一條軸線環繞一個半徑為 0.8 的圓形而構成的。這讓人聯想到汽車輪胎、游泳圈或甜甜圈的曲面稱之為環面。

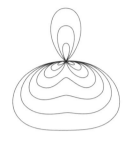

極坐標曲線（Kromme in poolcoördinaten）

你可以透過指定兩種距離來定義平面中的一個點，舉例來說，要指明地圖上的一個點，你可以說明該點位於指定之起點的東方或北方多遠距離，但你也可以指出該點與起點的距離以及方向，這就是所謂的「極坐標」的原理。距離通常用 ρ 表示，方向用 Θ 表示，你可以將兩者放在一起，例如 $\rho = \cos \Theta \,(4\sin^2 \Theta + a)$。在此圖樣中，我們可以看到不同 a 值的曲線。

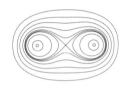

環面曲線（Ovalen van Cassini）

環面曲線是平面上的一組點，所有點到兩個定點的距離之乘積為常數[*]。這讓人聯想到橢圓形的定義，橢圓形也是一組點，所有點到兩個定點的距離之和為常數。1680 年天文學家喬瓦尼·多梅尼科·卡西尼（Giovanni Domenico Cassini）對這種曲線進行了研究，因為他認為地球環繞太陽的軌道就是這一類的橢圓形。當乘積小於兩個定點之間的距離時，曲線會分而為二。當乘積等於它時，曲線會與自身相交並構成伯努利雙紐線（Lemniscate of Bernoulli），類似於無限的符號 ∞。

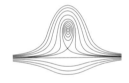

笛卡爾葉形線（het folium van Descartes）的變化形

在此圖樣中，你可以看到方程式 $x^3 + y^3 - 3xy = a$ 中對應不同 a 值的曲線，此圖樣也從一般的呈現方式中稍微旋轉了一點角度。Folium 是葉子（blad）的拉丁語，其中一條曲線看起來有點像。

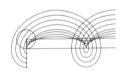

由在直線上滾動的圓形所構成的曲線

假設一個圓形在一條直線上滾動，就像鐵軌上的火車車輪一樣，位於直線上的圓形的某一個點可以描繪出一條上下起伏的曲線，即所謂的擺線[†]。先是位於這個圓形下方的數個點（在此我們可以看到有四個）假設皆用一根桿子連接到這個輪子上，就會構成顯而易見的曲線，甚至包含了一個環形。再來是猶如在車輪的輻條上位於接觸點和圓心之間的數個點（在此我們可以看到有三個），在圓形持續滾動中構成的曲線會彼此相交且沒有那麼明顯，也不會構成一個環形。最後，中央明顯構成了一條直線平行於圓形所滾動於上的那一條直線。

---

[*] 譯注：「常數」是指固定不變的數值。
[†] 譯注：「擺線」亦稱為旋輪線或圓滾線。

由一個圓形在另一個圓形中滾動，所構成的曲線
將一個圓形在另一個圓形中滾動，當滾動的圓形的周長是它在當中滾動的圓形的周長的三分之一時，要是繪製在滾動圓形上的某一個點的路徑，下方會構成一個類似於帶著「彎曲邊」的三角形圖案。當周長是 $\frac{1}{4}$ 的長度時，會構成一個「有彎曲邊的正方形」，近似於那個彎曲三角形的圖樣一樣，以此類推。可將圖樣放大，如此一來它們便可以很容易地接合在一起。

多面體

五種柏拉圖立體
正四面體、立方體（或稱正六面體）、正八面體、正十二面體、正二十面體組成的五種正多面體，意即是它們由相同正多邊形在空間中以相同方式重複排列而組成，這些令人驚艷的形體是由希臘哲學家柏拉圖所發現。

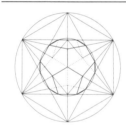

正十二面體
要在平面上運用圓規和直尺來繪製一個正十二面體並不容易，想要達成令人滿意的結果，可以透過在六角形上加入一些三角形和矩形來繪製出十二面體。

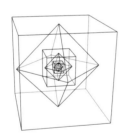

立方體和正八面體：彼此的對偶
立方體和正八面體是彼此的對偶：立方體每一面的中心點可作為正八面體的頂點。此外，正八面體每個面的中心點亦可作為立方體的頂點。假設你已經在立方體中繪製了一個正八面體，然後在此八面體中又繪製了另一個立方體，那麼你可以依此持續地重複構建。在此圖樣中，有各三個立方體和正八面體交織在一起。

正十二面體和正二十面體：彼此的對偶

正十二面體每個面的中心點可作為正二十面體的頂點，此外，正二十面體每個面的中心點亦可作為正十二面體的頂點。假設你已經在一個正十二面體中繪製了一個正二十面體，然後在此正二十面體中又繪製了另一個正十二面體，那麼你可以依此持續地重複構建。在此圖樣中，有各兩個正十二面體和正二十面體交織在一起。為了清楚起見，代表後半部的虛線已先被省略。

柏拉圖立體相互內接

在正十二面體中，透過適當選擇某幾個頂點來放置立方體。在此立方體中，同樣透過適當選擇某幾個頂點，再放置一個正四面體。正四面體六條邊的中心點可相互連接在一起，然後構成一個正八面體。在正八面體的十二條邊上，你可以放置正二十面體的頂點。如此一來，五種正多面體皆能相互內接在一起。

黃金比例

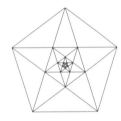

連環五角星形

正五邊形中，正好可置入一個五角星形，其中又可置入一個更小的五角星形，甚至可再置入一個再更小的五角星形，依此類推。在此圖樣中，有四個五角星形逐漸向內交織在一起。假設五邊形的邊長為 1，那麼對角線的長度即為 1.618...，也就是黃金比例，因此五角星形的邊長，正好與五邊形的對角線等長。

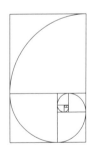

費波那契（Fibonacci）

假設兩個相鄰的最小正方形邊長為 1，那麼它們下方的正方形邊長則為 2，在它左側是邊長為 3 的正方形，在它上方是邊長為 5 的正方形，它右側的正方形邊長為 8，以及在它下方的正方形邊長為 13，左下方的正方形邊長為 21，最上方的正方形邊長為 34，在這些正方形中正好內接一條螺旋。這些數字 1、1、2、3、5、8、13、21、34……形成所謂的費波那契數列[*]，這一連串商數 $\frac{3}{2}$、$\frac{5}{3}$、$\frac{8}{5}$、$\frac{13}{8}$……趨近於黃金比例之 1.618...。

---

* 譯註：「費波那契數列」亦稱為「費式數列」。

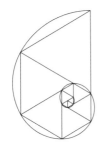

巴都萬（Padovan）

假設中央三個最小的正三角形邊長為1，那麼它們上方的兩個三角形邊長則為2，它們右側是一個邊長為3的三角形，下方是一個邊長為4的三角形，左下方的三角形邊長為5和下一個三角形（最左下方）邊長為7，它左上角的三角形邊長為9，右上角者邊長為12，在這些三角形中正好內接一條螺旋。這些數字1、1、1、2、2、3、4、5、7、9、12……形成所謂的巴都萬數列。這一連串商數 $\frac{3}{2}$、$\frac{4}{3}$、$\frac{5}{4}$、$\frac{7}{5}$……趨近於塑膠數之1,324...。*

（黃金）矩形

根據「黃金比例神話」的支持者的說法，最美麗的矩形莫過於寬度為1、長度為1.618...的矩形，即黃金比例。然而，喬治·馬科夫斯基（George Markowsky）在一九九二年一篇迄今仍聞名的文章「對黃金比例的誤解」中，透過這個圖樣說明並沒有這回事。事實證明，在隨機排列的矩形之間，並沒有一個客觀上顯得「最美麗」的矩形脫穎而出，也就是說沒有一個太厚、太薄或太方的矩形，顯然這是一個非常主觀的想法，又或者你能夠馬上看出「矩形先生的小姐」是前排左側數來第六位，還是第三排左側數來第一位？

勒·柯比意的魔咒（Le Corbusiers abracadabra）

勒·柯比意是黃金比例神話的追隨者，這就是他稱之為蘇格蘭警察的圖樣。從頭到腳的矩形是一個寬度為1和長度為1.618……的矩形，柯比意聲稱從腳到舉起的手部頂端為寬度1和長度2的矩形，但事實上並非如此，那些圓形和它們之間的斜線則是為了讓它看起來更加神秘而已。

圓形

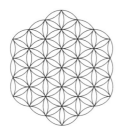

生命之花

中央有一個圓形，周圍有六個圓形，外側再十二個圓形。在此圖樣中總共包含了十九個重疊的圓形，而且還可以擴展到37、61、91、127和無限多個圓形。新時代運動將這種圖案稱之為「生命之花」。自羅馬時代以來，它就受到各種不同文化和許多藝術家的美化，一直從達文西到酷玩樂團皆是如此。

---

* 譯註：「塑膠數」之於巴都萬數列，猶如黃金比例之於費式數列——是兩項的比的極限。

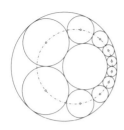

施泰納項鍊（Ketting van Steiner）

此圖樣由十個圓形組成，它們兩兩相互接觸，並位於同一個圓形中且環繞另一個圓形。組成項鍊的十個圓形，由內側相切圍繞所有圓形的最大圓形，並由外側接觸到中央的圓形，並留意項鍊上所有圓形的圓心構成了一個橢圓形（如虛線所示），在這種條件下，它本身幾乎近似於一個圓形。施泰納在 19 世紀時，就對這種圓形的圖樣進行了研究。

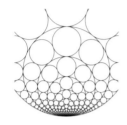

帕普斯項鍊（Ketting van Pappos）

在此圖樣中我們只能清楚看見最大圓形的某一部分，在底部的中心點上它還接觸了其他逐漸縮小的圓形，在這些圓形之間又是更小的圓形，因而構成了項鍊的形狀，就如同前一個圖樣。早在三世紀時，來自於亞歷山大的帕普斯就對此進行了研究。

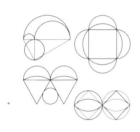

近似正方形的圓形

已有兩千年歷史的難題「將圓形正方化」敦促我們運用圓規和直尺在短短的幾個步驟內畫出一個與圓形面積相等的正方形，但事實證明這是不可行的，不過透過在此處所提供的幾種條件使得這一點變得可行了。

左上圖：由三個圓弧所圍成的新月面積等於下方圓形的面積。

右上圖：四個月亮的面積加起來等於正方形的面積。

左下圖：兩個三角形的面積之和等於圓形的面積加上兩個月亮的面積之總和。

右下圖：兩個月亮的面積之和等於它相接的正方形的面積。

日式定理

將一個多角形的頂點繪製在一個圓形上，隨意將此多角形劃分為數個三角形，並在每個三角形中畫出盡可能最大的圓形（也就是內切圓），無論三角形如何選取劃分，所有半徑的總和最終都會相等。這些圖樣呈現了像這樣劃分三角形並帶有相應圓形的三種例子，因此，三種圖樣中所標示的圓形半徑總和全部都是相等的。

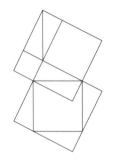

畢氏定理中「代數」（Algebraïsch）的證明：$a^2 + b^2 = c^2$

在此圖中我們可以看到 7 個相同的直角三角形，我們將它們的邊從小到大依次命名為 a、b 和 c。在此圖中，我們可以看到兩個邊為 $a + b$ 的大正方形。上方的大正方形由四個三角形、一個面積為 a^2 的正方形和一個面積為 b^2 的正方形共同組成。下方的大正方形也由四個三角形和一個面積為 c^2 的正方形共同組成。由此可得 $a^2+b^2 = c^2$（畢氏定理），並留意上方的大正方形還證明了另一個公式：$(a + b)^2 = a^2 + 2ab + b^2$。

透過重新排列證明畢氏定理

將左上角的小正方形劃分為直角三角形和梯形，將右上角的正方形劃分為一個直角三角形（和小正方形裡的三角形相同）、另一個直角三角形和一個有兩個直角的四角形。你可以利用以上這些圖形來拼圖，它們會構成下方的大正方形。

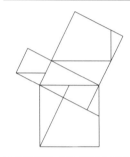

歐幾里得（Euclide）對畢氏定理的證明

一條垂直線從位於中央的三角形的直角開始，這條線將下方的大正方形分成兩個矩形。左側矩形的面積與左上角的正方形相等，右側矩形的面積與右上角的正方形相等。歐幾里得不但證明了這一點，他還指出每個正方形的面積是每個與正方形有共同邊的鈍角三角形面積的兩倍。

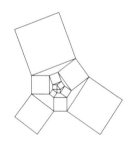

蛭子井博孝（Ebisui）對畢氏定理的概論

中央的小直角三角形符合畢氏定理 $a^2+b^2 = c^2$，在這個三角形周圍的三個正方形上，再以每兩個頂點構成三個較大的正方形；其中兩個正方形面積之和，是第三個正方形面積的五倍。相同的模式在此圖中重複，這第二組正方形的頂點又構成更大的正方形，而這些正方形再次反映出經典的畢氏定理。在這些正方形上你可以再次繪製新的正方形，因此其中兩個（最上方最大的正方形和最右側的這個正方形）的面積之和將會是第三個（左下角的這個正方形）面積的 5 倍。

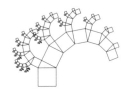

畢氏定理碎形幾何之樹

在底部的正方形上放置一個直角三角形，使其斜邊與此正方形的頂邊重合，在另外兩個邊上放置兩個較小的正方形。在這些正方形上再次放置直角三角形，從那裡又長出了兩個正方形，以此類推。此圖樣推演了 6 個步驟，最終有一種樹形出現了，它底部最大的正方形變成了樹幹，它確實是。

知名的幾何定理

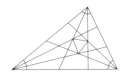

莫萊定理

在任何三角形的角上畫出三等分線，這些線條將每個角分成三個相等的角度。三等分線的十二個交點中的其中三個將構成一個正三角形。

要是只運用圓規和直尺的話，你無法在短短的幾個步驟內就繪製出三等分線，因此，若要將一個角分成三個相等的角度，你可以採用正三角形。

笛沙格定理

你可以將此圖樣視為一個完全平面的圖形。兩個淺灰色三角形的頂點位於通過一個點（圖中的第二高點）的一條線上。將這些灰色三角形的邊延伸，並在位於同一條線上（圖左側）的三個點上兩兩相交。

你也可以將此圖樣視為一個立體的空間，如此一來你可以在其中看到一個金字塔，其中最大的灰色三角形是它的底部，第二高點是頂點，灰色的小三角形則為一個橫切的斜面。

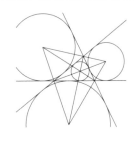

三角形上的內切圓與外切圓

看一下中央的小三角形，它的側邊延伸到此圖的邊緣。在那個三角形中有一個內切圓，這個圓形與三角形的三個邊完美相切。三個外切圓也與同一個三角形相切，但是沿著外緣。將所有圓形的中心點都相互連接起來，連接線會穿過原始三角形的頂點。

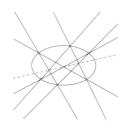

帕斯卡定理

看一下這個橢圓形上六個隨機選取的點，透過連接它們的六條直線從一個點走到另一個點，直到回到起點。第一條連接線和第四條、第二條和第五條、第三條和第六條的交點都位於同一條直線上（如虛線所示）。

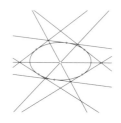

布列安桑定理

看一下與上圖中相同的六個點，但這一次在每個點上繪製橢圓形的切線，從一條切線走到另一條切線並標記交叉點。透過連接第一個和第四個交叉點的直線，連接第二個和第五個交叉點的直線，以及連接第三個和第六個交叉點的直線，三條線相交於同一個點，也就是圖中央的那一個點。

數字推理

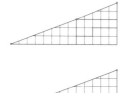

費式數列的誤會

我們已經談過費式數列 1、1、2、3、5、8……上圖的大「三角形」有 24 個完整的正方形，下圖則有 25 個，兩種圖形各包含 16 個殘形，它們可再共同組成 8 個正方形：32 會等於 33 嗎？你也可以計算每個部分的面積，邊長 2 和邊長 5 的直角三角形面積為 5，邊長 3 和邊長 8 的直角三角形面積則為 12，再加上 L 形部分：5 + 12 + 7 + 8 = 32，下圖則需再加上 1。

然而，大「三角形」的「斜邊」上的三個標示點並沒有對齊，在這條線上有一個結：在這設置了一個障眼法。因此，大的「三角形」根本不是三角形，而且也不相等。這是一個廣為人知的陷阱題，可以說明圖形是如何令人上當。這對於過度熱情的彩繪者來說是一個即時的提醒：推理還是有用的！

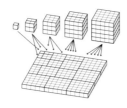

三次方的總和

立方體的總和 $1^3+2^3+3^3+4^3+5^3 = 225$ 等於邊長總和的平方 $(1+2+3+4+5)^2 = 225$。數字的立方總和與原始數字總和的平方一般來說都是相等的，無論這些數字延伸到多大。

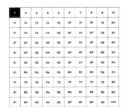

埃拉托斯特尼篩法

來自於昔蘭尼（Cyrene）的埃拉托斯特尼（Eratosthenes）（西元前 3 世紀）設計了這種來尋找質數的方法。質數是只有自己與 1 為因數的自然數，所以數字 1 不是質數，因為它只有自己可作為因數，但數字 2 是質數，因為 1 和 2 是唯二的因數。數字 4 不是質數，因為它有三個因數：1、4 和 2。其餘在 2 到 100 之間的所有質數分別為：2、3、5、7、11、13、17、19、23、29、31、37、41、43、47、53、59、61、67、71、73、79、83、89、97。

$$e^{i\pi} = -1$$

歐拉公式

任何一本關於數學的書要是沒有任何一條公式的話，那就不算是完整的。公式本身也可以是具有美感的。歐拉公式有時在民意調查或社群媒體上被評鑑為「數學中最美麗的公式」，因為它結合了 4 個重要的數字：e，歐拉數；-1 的虛根，通常標示為 i；π；以及 -1。

超繪數學
越畫越有趣，60 幅世上最美的數學經典圖型著色練習與解說

原 書 名	Kleurboek Wiskunde: Geef kleur aan 60 wiskundeklassiekers
作 者	德克‧赫勒布魯克（Dirk Huylebrouck）
譯 者	施如君
總 編 輯	王秀婷
責 任 編 輯	郭羽漫
行 銷 業 務	黃明雪
版 權	徐昉驊
發 行 人	涂玉雲
出 版	積木文化
	104 台北市民生東路二段 141 號 5 樓
	電話：(02) 2500-7696 ｜ 傳真：(02) 2500-1953
	官方部落格：http://cubepress.com.tw/
	讀者服務信箱：service_cube@hmg.com.tw
發 行	英屬蓋曼群島商家庭傳媒股份有限公司城邦分公司
	台北市民生東路二段 141 號 11 樓
	讀者服務專線：(02)25007718-9 ｜ 24 小時傳真專線：(02)25001990-1
	服務時間：週一至週五上午 09:30-12:00、下午 13:30-17:00
	郵撥：19863813 ｜ 戶名：書虫股份有限公司
	網站：城邦讀書花園　網址：www.cite.com.tw
香港發行所	城邦（香港）出版集團有限公司
	香港灣仔駱克道 193 號東超商業中心 1 樓
	電話：852-25086231 ｜ 傳真：852-25789337
	電子信箱：hkcite@biznetvigator.com
馬新發行所	城邦（馬新）出版集團 Cite (M) Sdn Bhd
	41, Jalan Radin Anum, Bandar Baru Sri Petaling, 57000 Kuala Lumpur, Malaysia.
	電話：603-90578822　　傳真：603-90576622
	email: cite@cite.com.my

國家圖書館出版品預行編目資料

超繪數學：越畫越有趣，60 幅世上最美的數學經典圖型著色練習與解說 / 德克 . 赫勒布魯克 (Dirk Huylebrouck) 作；施如君譯 . -- 初版 . -- 臺北市：積木文化出版：英屬蓋曼群島商家庭傳媒股份有限公司城邦分公司發行 , 2022.06
面；　公分
譯自：Kleurboek Wiskunde：Geef kleur aan 60 wiskundeklassiekers.
ISBN 978-986-459-411-5(平裝)
1.CST: 數學 2.CST: 通俗作品
310　　　　　　　　　　　111006817

內 頁 排 版	薛美惠
封 面 設 計	葉若蒂
製 版 印 刷	韋懋實業有限公司

城邦讀書花園
www.cite.com.tw

【印刷版】
2022 年 6 月 14 日　初版一刷
售價／ 300 元
ISBN 978-986-459-411-5